COSMOS

インフォグラフィックスでみる宇宙

訳 吉川 真

丸善出版

COSMOS - The infographic book of space / Stuart Lowe & Chris North

COSMOS

The Infographic Book of Space

by Stuart Lowe & Chris North

First published 2015 by Aurum Press Ltd
74-77 White Lion Street, London N1 9PF

Copyright © Stuart Lowe and Chris North 2015

No part of this book may be reproduced or utilised in any form or by any means, electronic or mechanical, including photocopying, recording or by any information storage or retrieval system, without permission in writing from Aurum Press Ltd.

Japanese edition © 2016 Maruzen Publishing Co. Ltd., Tokyo, Japan.

Printed in China

COSMOS
――インフォグラフィックスでみる宇宙

平成28年12月10日　発行

訳　者　　吉　川　　　真

発行者　　池　田　和　博

発行所　　丸善出版株式会社
〒101-0051 東京都千代田区神田神保町二丁目17番
編集：電話（03）3512-3265／FAX（03）3512-3272
営業：電話（03）3512-3256／FAX（03）3512-3270
http://pub.maruzen.co.jp/

Ⓒ Makoto Yoshikawa, 2016

組版・有限会社 悠朋舎

ISBN 978-4-621-30072-5 C 0044　　Printed and bound in China

本書の無断複写は著作権法上での例外を除き禁じられています。

目　次

はじめに　　　　　　　　　　005
1章　宇宙探査　　　　　　　007
2章　太陽系　　　　　　　　039
3章　望遠鏡　　　　　　　　083
4章　太　陽　　　　　　　　101
5章　恒　星　　　　　　　　115
6章　銀　河　　　　　　　　147
7章　宇宙論　　　　　　　　163
8章　ほかの世界　　　　　　179
9章　その他の話題　　　　　201

訳者まえがき

宇宙や天文の図鑑といえば，美しい天体の画像やカラフルでリアルなイラストがページをめくるたびに目に入ってくる，というのがふつうです．しかし，本書にはそのようなものはいっさいありません．パッと見ると，宇宙・天文の図鑑としては体裁が地味だと感じられるでしょう．ここでは，「インフォグラフィックス」とよばれる手法が全編に使われており，この手の図鑑としては異色な仕上がりになっています．

特に最近では，宇宙に関係した情報の量が爆発的に増えています．そのために，私たちは宇宙というものをさまざまな側面から知ることができるようになってきました．いろいろな情報があることは宇宙を理解するうえで不可欠なことですが，情報が多すぎると全体像を把握しにくくなります．そのようなときに，このインフォグラフィックスというテクニックが威力を発揮します．

本書では，膨大な情報が各ページに凝縮されてビジュアルに示されています．そこにはふつうは視覚化されないような情報も含まれています．すべての項目は見開きでコンパクトにまとめられているため，どのページからでもよいので，ぜひ，じっくり眺めてみてください．すると，じわじわとおもしろさが伝わってくると思います．たとえば，人類はこんなに多くの探査機を月や太陽系天体に送ってきたのかとか，地球って「水の惑星」のはずなのに水の量が直感とはまったく違うとか，もしこの系外惑星系に知的生命体がいたら，彼らはいまごろ人類月着陸のニュースを聞いているのかも，……とか．新たな発見や，いろいろな空想が浮かんでくるかと思います．本書で，宇宙や天文について新たな見方を楽しんでいただければ幸いです．

最後に，本書の翻訳にあたりましては，丸善出版株式会社のみなさま，とりわけ米田裕美さんにお世話になりました．深く感謝いたします．

2016年7月

吉川　真

訳者紹介

吉川　真（よしかわ・まこと）

宇宙航空研究開発機構（JAXA）宇宙科学研究所（ISAS）准教授．理学博士．「はやぶさ２」ミッションマネージャ．1962年，栃木県生まれ．東京大学理学部天文学科卒業，同大学院修了．日本学術振興会特別研究員を経て，1991年より郵政省通信総合研究所に勤務．1996年にはフランスのニース天文台に１年間派遣．1998年に文部省宇宙科学研究所に異動．2003年10月より組織統合により現職に至る．専門は天体力学．「はやぶさ」や「はやぶさ２」などの太陽系天体探査ミッションを中心に惑星探査関連の研究を行っている．また，天体の地球衝突問題（スペースガード）についても研究を進めている．著書に『大隕石衝突の現実』（分担執筆，ニュートンプレス，2013年），『はやぶさ2592日の奇跡』（講談社，2012年），監修書に『宇宙（学研の図鑑LIVE）』（学研教育出版，2014年）など．

はじめに

　宇宙や天文学というものは，本当に想像力が必要な分野だ．筆者2人も若いころ，想像力を駆使したものだ．詳細な説明はたいてい複雑だし，かなり難しく思えることもあるが，基本的な考え方は，あるレベルまでならだれでもなじみがあるものなのだ．宇宙や天文で扱う「大きさ」や「距離」はとんでもなく大きく，想像では追いつかないので，単に大きな数を示すだけでは役に立たない．

　本書では，プロセスや概念を，目に見える形で表現しようと努めた．そうすることで，細部を隠すことなく，考え方をぐんと視覚的にとらえやすくなる．データは可能な限り，同じ比率で表示してある．たとえば「月への旅行」では，地球と月のサイズ，月の軌道の大きさは，正しい比率で描いている．とはいえ天文学で扱う大きさや概念は広大な範囲にわたるため，ページの制約上，すべてでそれを実現できたわけではない．対数のスケールを用いたところもあるし，最も極端なものではスケール全体を概念化したところもある．

　本書の内容は非常に幅広い．人類による地球と月の探査，何十億光年もの範囲にわたって宇宙じゅうに存在する銀河のようす，そして，観測のための望遠鏡をつくることから，地球外文明とのコンタクトをはかる人類の試みまで，じつに多岐にわたる．あなたが宇宙や天文にどのくらい詳しいとしても，きっと興味をもてるページが見つかるだろう．

　図版は，可能な限り最新の知識や研究に基づいている．ほとんどのデータは，2014年末時点で確実といえるものを用いた．天文学は活発に研究が進む分野で，新しい発見があるたびに知識も増えていくので，本書が刊行されるころにはいくつかの情報は古くなっている可能性がある．今後改訂を続けていくつもりであるし，cosmos-book.github.io のインフォグラフィックスによって逐次新しい情報にも対応していきたい．

　筆者は2人とも天文学者で，ふだんの研究活動は比較的せまい分野に限定されるため，本書の執筆を開始したときには新鮮に思える部分もあった．とはいっても私たちはこれで，ポッドキャスト，ウェブサイト，ラジオやテレビ番組などを通して，天文学についてたくさんの人とコミュニケーションを楽しんできたし，そういったアウトリーチの仕事では，天文学のほぼすべての分野を扱ってきた経験がある．にもかかわらず，本書の編集にあたってものすごい量のことを学んだ．私たちは本書をとても楽しんで執筆した．読者のみなさまにも，本書を楽しんでお読みいただけることを願う．

2015年3月　　　スチュアート・ロウ（Stuart Lowe）
クリス・ノース（Chris North）

1章／宇宙探査

ロケット

宇宙に何かを打ち上げたい場合，国の宇宙機関から民間の会社までいろいろな方法がある．どのくらいのものを打ち上げたいのか，どこまで遠くへ届けたいのか，そしてどのくらいのリスクを覚悟（かくご）するかによって，必要なコストが違（ちが）ってくる．

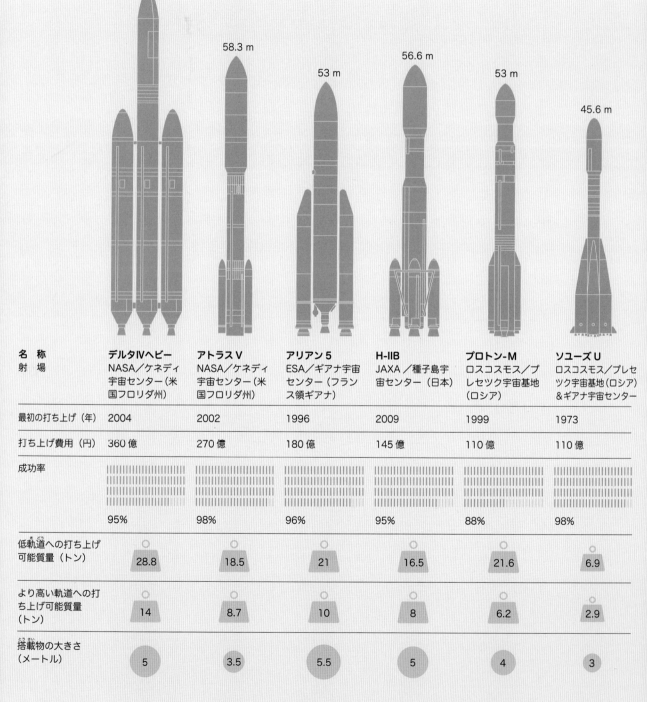

名称 / 射場	デルタⅣヘビー NASA／ケネディ宇宙センター（米国フロリダ州）	アトラスV NASA／ケネディ宇宙センター（米国フロリダ州）	アリアン5 ESA／ギアナ宇宙センター（フランス領ギアナ）	H-ⅡB JAXA／種子島宇宙センター（日本）	プロトン-M ロスコスモス／プレセツク宇宙基地（ロシア）	ソユーズU ロスコスモス／プレセツク宇宙基地（ロシア）＆ギアナ宇宙センター
全長	72 m	58.3 m	53 m	56.6 m	53 m	45.6 m
最初の打ち上げ（年）	2004	2002	1996	2009	1999	1973
打ち上げ費用（円）	360億	270億	180億	145億	110億	110億
成功率	95%	98%	96%	95%	88%	98%
低軌道への打ち上げ可能質量（トン）	28.8	18.5	21	16.5	21.6	6.9
より高い軌道への打ち上げ可能質量（トン）	14	8.7	10	8	6.2	2.9
搭載物の大きさ（メートル）	5	3.5	5.5	5	4	3

1章／宇宙探査

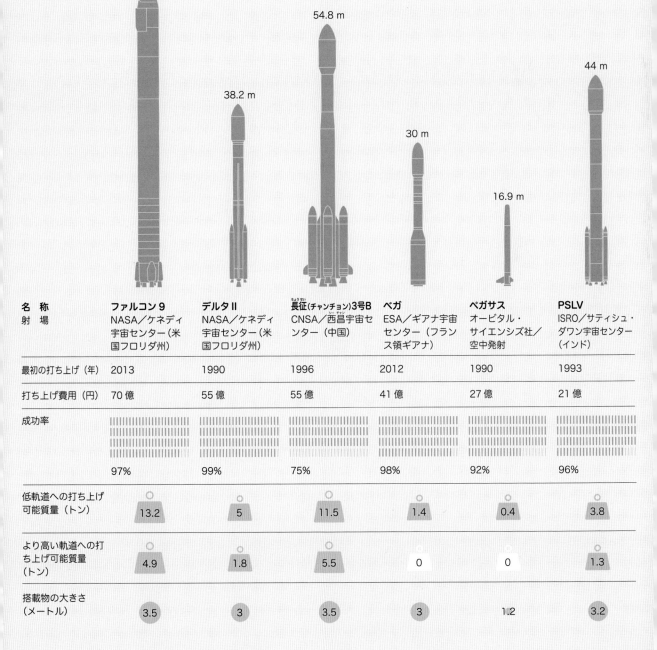

小さな一歩

宇宙に出ていったのは人類だけではないし，人類が最初というわけでもない．記録に残っている最初の宇宙飛行は1947年．宇宙飛行士第1号はミバエで，生きて宇宙から戻ってきた．1949年には最初のサルが宇宙へ行ったが，最初に宇宙からサルが生還したのは1959年になってからで，「エーブル」と「ベーカー」という名のサルだった．1951年には，マウスが実際の宇宙飛行の条件のもとで生きて戻ってきた最初のほ乳類となった．その直後の同じ1951年に，イヌが宇宙飛行に成功し，1957年には初めて周回軌道に乗った．1961年3月，マウスが，カエルとテンジクネズミと昆虫と一緒に，初めて地球のまわりを周回するのに成功した動物となったが，これは人類より数週間早かった．

1968年9月，アポロ8号打ち上げの3か月前，ゾンド5号が地球生物を乗せて初めて月を回って地球に無事に戻ってきた．そのときの乗組員は，リクガメ，ショウジョウバエ，ゴミムシダマシ（ミールワーム）だった．

ヤモリ / 2013 年 4 月　　スナネズミ / 2013 年 4 月

スナネズミ / 2013 年 4 月
ヤモリ / 2013 年 4 月

ゴキブリ / 2007 年 9 月

クマムシ / 2000 年 9 月
宇宙の真空の中で 10 日間生存.

ゴキブリ / 2007 年 9 月　　チョウの幼虫 / 2009 年 11 月

2010

アリ / 2003 年 1 月
メダカ / 1994 年 7 月　　カイコ / 2003 年 1 月
ハチ / 2003 年 1 月　　ゴキブリ / 2007 年 9 月　　クマムシ / 2007 年 9 月
サソリ / 2007 年 6 月

線虫 / 2003 年 1 月
スペースシャトル・コロン
ビア号の事故を生きのびた.

クラゲ / 1991 年 1 月
宇宙で初めて繁殖した生物.
約 2,400 匹が打ち上げられ,
約 6 万匹が戻ってきた.

カイコ / 2003 年 1 月
2005
線虫 / 2003 年 1 月　　ハチ / 2003 年 1 月
アリ / 2003 年 1 月

イモリ / 1985 年 7 月

クラゲ / 1991 年 6 月

2000

クラゲ / 1991 年 6 月

1995

1990

イモリ / 1985 年 7 月

1985

人類の宇宙飛行

1961年，人類は初めて宇宙に到達した．宇宙飛行士は，ソビエト社会主義共和国連邦（ソ連）のユーリイ・ガガーリン（Yuri Gagarin）．ここでいう宇宙とは地上から高度100 km以上の空間のことだ．そして1963年には，ワレンチナ・テレシコワ（Valentina Tereshkova，ソ連）が最初の女性宇宙飛行士となった．アポロ計画の黄金期からしばらく経って，1980年代や90年代になると，ミール宇宙ステーションやスペースシャトル計画によって宇宙に行く人の数がだんだん増えていった．2000年10月31日以降は，国際宇宙ステーションにつねに滞在しているので，人類はいつも宇宙に行っていることになる．

宇宙飛行がそもそも危険であることを思えば，宇宙における死亡事故は比較的少ない．1967年にウラジミール・コマロフ（Vladimir Komarov，ソ連）は，地球に帰還した際のパラシュートのトラブルによって，地面に激突して死亡した．1971年，ゲオルギー・ドブロボルスキー（Georgi Dobrovolski），ビクトル・パツァーエフ（Viktor Patsayev），ウラディスラフ・ボルコフ（Vladislav Volkov）（3名ともソ連）は，宇宙ステーション・サリュート1号から離れて地球に帰還するときに死亡した．1986年，スペースシャトル・チャレンジャー号の打ち上げのときの爆発で，グレッグ・ジャービス（Greg Jarvis），クリスタ・マコーリフ（Christa McAuliffe），ロナルド・マクネア（Ronald McNair），エリソン・オニヅカ（Ellison Onizuka），ジュディス・レズニック（Judith Resnik），マイケル・スミス（Michael Smith），ディック・スコビー（Dick Scobee）（7名とも米国）が亡くなった．2003年，スペースシャトル・コロンビア号が耐熱タイルの損傷により地球帰還時に分解してしまい，マイケル・アンダーソン（Michael Anderson），デイビッド・ブラウン（David Brown），カルパナ・チャウラ（Kalpana Chawla），ローレル・クラーク（Laurel Clark），リック・ハズバンド（Rick Husband），ウィリアム・マッコール（William McCool）（以上6名は米国），イラン・ラモーン（Ilan Ramon）（イスラエル）が亡くなった．この2つのシャトル事故を受けて，その調査がなされる間，人類の宇宙飛行は一旦停止されることとなった．

🧍 女性　🧍 男性　🧍 死亡者
氏名，国（各国の最初の宇宙飛行士）

*訳注：死亡者の記号が示されていないが，本文にあるように7名の宇宙飛行士（女性2名・男性5名）が亡くなっている．

年	イベント	人数
1961		
1962		
1963	ワレンチナ・テレシコワ（Valentina Tereshkova, ソ連）	1
1964		
1965		
1966		
1967		
1968		
1969	アポロ11号	
1970		
1971		
1972	スカイラブ計画 開始	
1973		
1974		
1975		
1976		
1977		
1978		
1979	スカイラブ計画 終了	
1980		
1981		
1982		1
1983		
1984	ジュディス・レズニック（Judith Resnik, 米国）	4
1985	ミール宇宙ステーション 開始	3
1986	チャレンジャー号事故*	
1987		
1988		
1989		4
1990		3
1991	ヘレン・シャーマン（Helen Sharman, 英国）	6
1992		8
1993		7
1994	向井 千秋（むかい ちあき, 日本）	8
1995		10
1996	クローディ・エニュレ（Claudie Haigneré, フランス）	5
1997		10
1998	国際宇宙ステーション 開始	6
1999		5
2000		4
2001	ミール宇宙ステーション 終了	5
2002		4
2003	コロンビア号事故	3
2004		
2005		2
2006		7
2007		5
2008		5
2009		3
2010		4
2011		2
2012	劉 洋（リュウ・ヤン, 中国）	1
2013		1
2014		2

| 👤 4 ユーリイ・ガガーリン（Yuri Gagarin, ソ連）・アラン・シェパード（Alan Shepard, 米国）
5
2
3
11
9
1
7
23 ニール・アームストロング（Neil Armstrong, 米国）
5
12
6
16
6
8
6
8
10 ジークムント・イェーン（Sigmund Jähn, ドイツ）
4
13
10
15 ジャン＝ルー・クレティエン（Jean-Loup Chrétien, フランス）
24
31
53
9
10
22
25
35 秋山 豊寛（あきやま とよひろ, 日本）
34
51 フランコ・マレルバ（Franco Malerba, イタリア）
40
43
40
43
51
33
15
33
41
35
11 楊 利偉（ヤン・リィウェイ, 中国）
6
14
22
21
36
42
26
27
15
16
9

時空の旅

20世紀になると,宇宙旅行はサイエンスフィクション(SF)の世界のものではなくなった.現時点ではまだ低軌道に限られているとはいえ,今日,宇宙旅行はもはや日常の出来事だ.宇宙飛行士はたいてい,1回の飛行につき何か月も軌道上で過ごす.宇宙ステーションの軌道運動の速度からすると,彼らは1日あたり地球を16周もしており,とてつもない距離を移動している.

軌道運動速度で旅行するときにおもしろいこととして,地球上に比べて時間が少しだけ遅く進むということがある.結果として,宇宙飛行士は,自宅で過ごした場合よりも少しだけ若くなることになる.この効果はごくわずか(最大でも25ミリ秒程度)だが,100メートル走で世界最速の選手と6位の選手とのタイム差にあたる.

A ニール・オールデン・アームストロング(Neil Alden Armstrong),米国／最初の飛行:1966年／宇宙滞在期間:8.58日／月面を歩いた最初の人

B エドワード・マイケル・フィンク(Edward Michael Fincke),米国／最初の飛行:2004年／宇宙滞在期間:381.63日／宇宙滞在時間の米国記録(381.63日)保持者

C ユーリイ・アレクセーエヴィチ・ガガーリン(Yuri Alekseyevich Gagarin),ソ連／最初の飛行:1961年／宇宙滞在時間:0.08日／1961年,世界初の宇宙飛行士.

D セルゲイ・コンスタンチノヴィチ・クリカリョフ(Sergei Konstantinovich Krikalyov),ソ連／最初の飛行:1988年／宇宙滞在時間:803.4日／通算宇宙滞在記録(803.4日)保持者

E ワレリー・ヴラジーミロヴィチ・ポリャコフ(Valeri Vladimirovich Polyakov),ソ連／最初の飛行:1988年／宇宙滞在時間:678.69日／1回の飛行における最長宇宙滞在時間(437.75日)保持者

F チャールズ・シモニー(Charles Simonyi),ハンガリー／最初の飛行:2007年／宇宙滞在時間:26.6日／最も長く宇宙に滞在した民間の旅行者

G アナトリー・ヤコーヴレヴィチ・ソロフィエフ(Anatoli Yakovlevich Solovyev),ソ連／最初の飛行:1988年／宇宙滞在時間:651日／宇宙遊泳時間の最長(68時間44分)記録保持者

H デニス・チトー(Dennis Tito),米国／最初の飛行:2001年／宇宙滞在時間:7.92日／最初の宇宙旅行者

I 若田 光一(わかた こういち),日本／最初の飛行:1996年／宇宙滞在期間:238.24日／国際宇宙飛行士で最長宇宙滞在時間(238.24日)保持者

J ペギー・アネッテ・ウィットソン(Peggy Annette Whitson),米国／最初の宇宙飛行:2002年／宇宙滞在時間:376.72日／女性で最長の宇宙滞在時間(376.72日)保持者

K 楊 利偉(ヤン・リィウェイ),中国／最初の飛行:2003年／宇宙滞在時間:0.89日／最初の中国人宇宙飛行士

- 米国宇宙飛行士
- ロシア宇宙飛行士
- 中国宇宙飛行士
- 国際宇宙飛行士
- 宇宙旅行者

宇宙滞在期間 0.1 日　　　　1 日

1章／宇宙探査

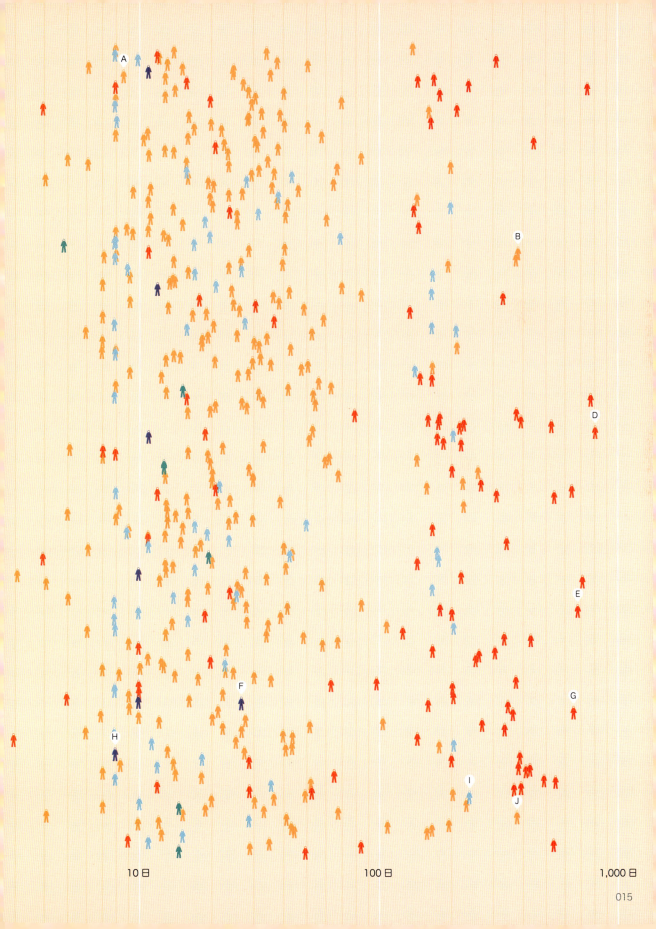

10日　　　　　　　　　　100日　　　　　　　　　1,000日

宇宙でのサバイバル

テレビや映画では，人が宇宙空間の真空に突然さらされると，破裂するか瞬時に凍りついて死亡するように描かれることが多い．実際にはこのどちらも起こらず，即座に死に至るわけではない．何が起こるかは，ヒトも含めた動物実験や，地上での圧力チェンバーや宇宙空間を飛行中の事故などからある程度予測できている．

- **凍りついて死ぬことはない**：実際，すぐに凍ってしまうことはない．宇宙はかなりよい断熱材であり，熱伝導や熱による対流が起こらない．地球周回軌道において太陽光のもとでは，人は室温でいるときよりも少しだけ早く熱を放出することになる．つまり，ゆっくりと冷えていくのだ．
- **血液は沸とうしない**：ひどいショック状態にならない限り，血圧は十分に高く保たれて，沸とうすることはない．
- **日にやける**：もし防護するものをつけていなければ，太陽からの紫外線によってひどく日やけすることになる．
- **部分的な露出**：もし体の一部が宇宙空間にさらされただけなら，生命の危機はより少なくすむ．1960年に，ジョー・キッティンジャー・ジュニア（Joe Kittinger Jr.）は，高高度の気球飛行で右手を低圧状態にさらした．右手は2倍の大きさにふくれあがったが，数時間でもとに戻った．
- **音**：最初に空気がなくなると，何も聞こえなくなる．
- **腹痛**：胃の中の気体が膨張することによって，痛みを感じるかもしれない．余分な気体を排出するのがよい．
- **宇宙船に穴があいたら**：もし体積10 m³の宇宙船に1 cm²の穴があいたとすると，約6分で大気圧が半分になり，深刻な低酸素症となる．

もし一気に減圧状態になったら，生きのびるには，60〜90秒のうちに気圧のあるところに戻らなければならない．時間は刻々と過ぎていく……．

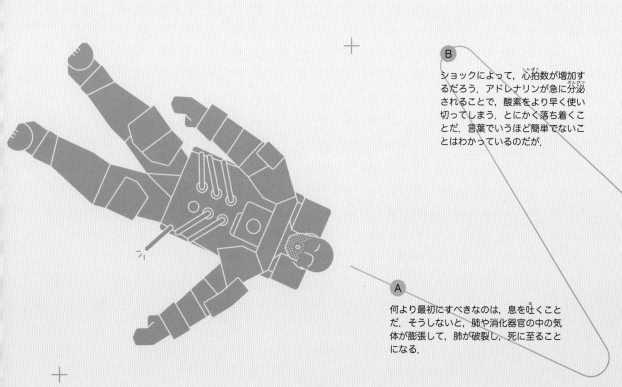

A　何より最初にすべきなのは，息を吐くことだ．そうしないと，肺や消化器官の中の気体が膨張して，肺が破裂し，死に至ることになる．

B　ショックによって，心拍数が増加するだろう．アドレナリンが急に分泌されることで，酸素をより早く使い切ってしまう．とにかく落ち着くことだ．言葉でいうほど簡単でないことはわかっているのだが．

K
90秒を超えると，肺の障害は重篤となり，大量の出血や深刻な脳障害が起こる．

J
もし再加圧が60〜90秒以内に行われれば，生存できる．しかし，心臓が止まってしまえば死は避けられない．もし再加圧が90秒以内に行われれば，肺への障害は小さいか中程度ですむ．

E
14秒くらい経ってくると，気圧が減少したことで水の沸点が下がり，口の中の水分が蒸発するだろう．もしまだ意識があれば，ひりひりする感覚があるはずだ．気体や水蒸気が口や鼻から出続けて，凍りつくくらいまで温度が下がる．

I
1分後には，静脈中の圧力が動脈中の圧力を超えてしまい，血液循環が事実上止まってしまう．

F
15秒で酸素が欠乏した血液が脳に流れ込む．意識を失うため，生きるか死ぬかは，他の人の助けがあるかどうかにかかってくる．

H
血液中の窒素が低圧のために気泡となる．

D
10秒くらい経つと，減圧症の症状として関節痛を感じ始めるだろう．

G
やわらかい組織の中の水分が蒸発し，体は2倍くらいにふくれあがる．生存するためには，平常な状態に戻る必要がある．体によく合った伸縮性の衣服は，この体の膨張に対抗するのに役に立つ．打撲のような状況にはなるかもしれないが，皮膚は十分強いので爆発するようなことにはならない．

C
5〜11秒のうちに意識を失い始めるので，数を数えよう．ただし，活発に動けば動くほど，酸素をより早く使い尽くしてしまうので注意しよう．

017

ロケットの打ち上げ場

ロケットは高速で移動するが，必ずしも上方の非常に遠くまで行く必要はない．結局のところ，ほとんどの人工衛星は，高度は上空たった数百キロメートルにすぎないが，地球を周回する速度は時速2万km以上にもなる．衛星は簡単に進行方向を変えることはできないため，正しい方向に打ち上げることが重要なのだ．

地球の赤道は，東の方向に時速1,600kmで回転している．多くのロケット打ち上げ場が赤道の近くにあるのは，衛星を赤道上の軌道に乗せるために必要な燃料が少なくすむよう，この無料の赤道の速度を利用しているからだ．人々や財産に損害を与えるリスクを避けるため，ほとんどの打ち上げは海の上空に向けて行われる．

米国

ケネディ宇宙センターがあるケープ・カナベラルは，ほぼ間違いなく世界で最も有名な打ち上げ場である．国際宇宙ステーションへの打ち上げには適しているが，極軌道への打ち上げには使われない．極軌道への打ち上げには，カリフォルニア州のヴァンデンバーグ空軍基地から行われる．米国は，世界各地にある他の多くの打ち上げ場も運用している．

航空機搭載型，米国

オービタル・サイエンシズ社のペガサスロケットは，航空機につり下げられ，小型の衛星をほとんどすべての方向に打ち上げることができる．

ギアナ宇宙センター

ギアナ宇宙センター（CSG）は，1970年からヨーロッパのロケット打ち上げ場となっている．赤道上の軌道および極軌道の両方に打ち上げがなされている．多くのヨーロッパの国の打ち上げ場として使われている．

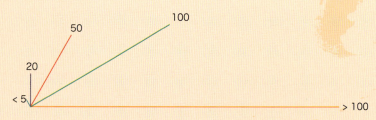

1章／宇宙探査

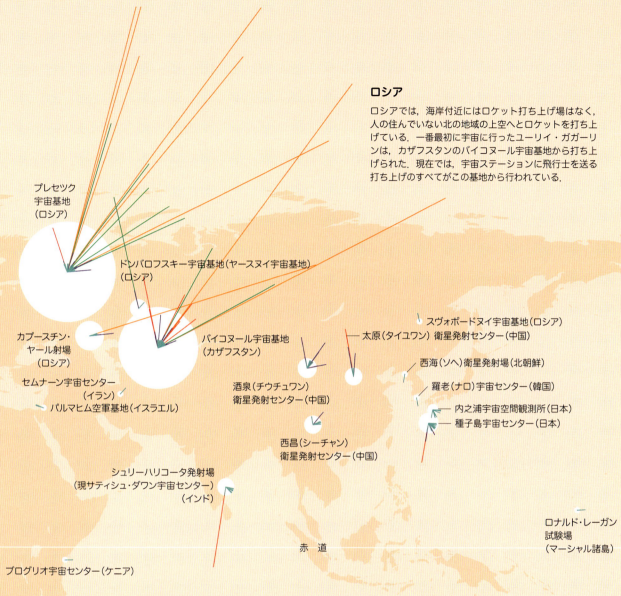

軌道

地球を周回している人工衛星の軌道は，地表からの高度がわずか数百 km のものから，数万 km のものまである．

(H) 長楕円軌道／500 衛星

通信衛星や天文衛星の中には，きわめて細長い軌道のものがあり，地球から非常に遠方まで達する．

高度／100,000 km まで
周期／2 時間〜20 時間

←太陽はここから 149,600,000 km 先

(G) 静止軌道／1,000 衛星

もし衛星が赤道上空のある特定の高度にあれば，衛星は地球が自転する周期と同じ周期で地球のまわりを回るので，ある特定の場所の上空につねに存在する．

高度／36,000 km
周期／23 時間 56 分

天文衛星の中には，地球からずいぶん遠くまで行くものもある．たとえば太陽を観測する衛星では，ラグランジュポイント（L1）という地球から太陽方向に 150 万 km 離れた重力的に特別な地点にまで行くものがある．宇宙の遠方を観測する衛星には，逆方向に同距離のところにある L2 ポイントに行くものもある．また，地球を離れて太陽のまわりを回りながら，地球の前方や後方へ徐々に離れていくような衛星もある．

←太陽はここから 149,600,000 km 先

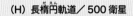

太陽−地球系の L1／3 衛星
高度／1,500,000 km
周期／365.25 日

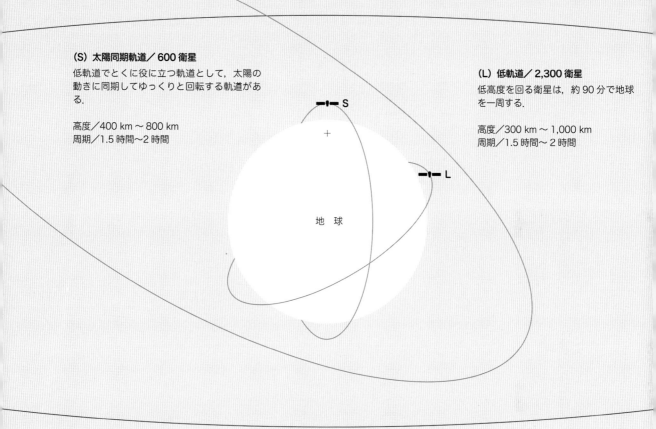

(S) 太陽同期軌道／600 衛星
低軌道でとくに役に立つ軌道として，太陽の動きに同期してゆっくりと回転する軌道がある．

高度／400 km 〜 800 km
周期／1.5 時間〜 2 時間

(L) 低軌道／ 2,300 衛星
低高度を回る衛星は，約 90 分で地球を一周する．

高度／300 km 〜 1,000 km
周期／1.5 時間〜 2 時間

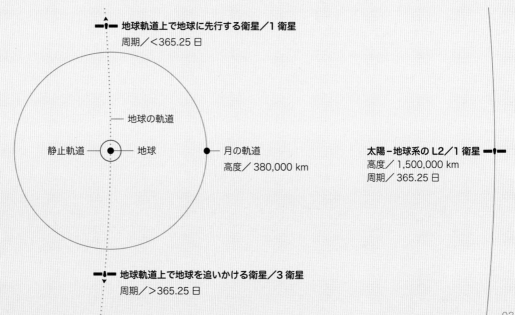

地球軌道上で地球に先行する衛星／1 衛星
周期／＜ 365.25 日

地球の軌道
静止軌道 — 地球
月の軌道
高度／ 380,000 km

太陽−地球系の L2／1 衛星
高度／ 1,500,000 km
周期／ 365.25 日

地球軌道上で地球を追いかける衛星／3 衛星
周期／＞ 365.25 日

宇宙のゴミ

毎日，何十トンもの石が宇宙から落ちてくる．1957年からは，この隕石という自然のシャワーに，ロケットの破片や使い終わった人工衛星，そして宇宙ステーション全体までもが加わることになった．これらのすべてが地球に落ちてくるわけではなく，軌道上に残るものもある．人類の宇宙時代がまき散らしたものは，宇宙空間に無害であるどころか，危険な遺物として残ってしまった．これらのゴミは，時速28,000 kmもの速度で地球のまわりを動いているのである．

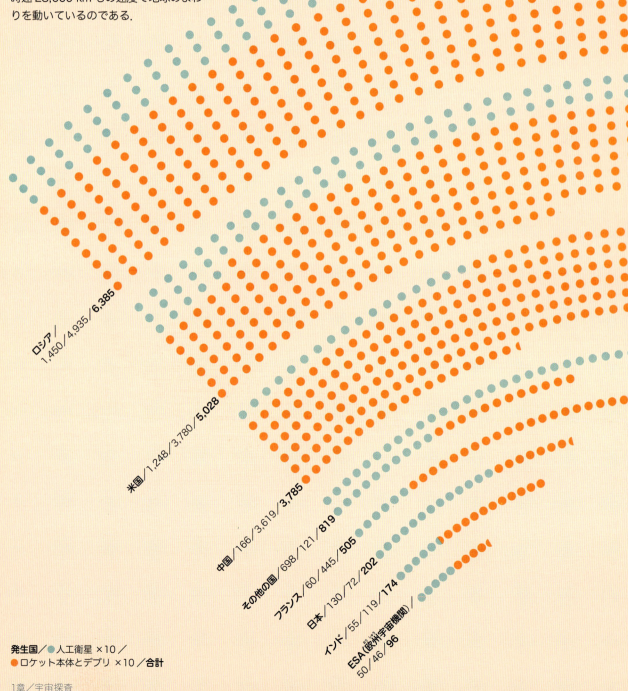

ロシア／1,450／4,935／6,385
米国／1,248／3,780／5,028
中国／166／3,619／3,785
その他の国／698／121／819
フランス／60／445／505
日本／130／72／202
インド／55／119／174
ESA（欧州宇宙機関）／50／46／96

発生国／●人工衛星 ×10／
●ロケット本体とデブリ ×10／合計

1章／宇宙探査

　宇宙のゴミの最も差しせまった脅威は，国際宇宙ステーションや天宮宇宙ステーションにいる宇宙飛行士の命にかかわることである．ゴミの超高速の衝突は，いまや現実の問題だ．2014年6月，10 cmの貫通した穴が，国際宇宙ステーションにある太陽光発電のラジエーター中の冷却液チューブ近くで見つかっている．

　この問題に取り組むために，世界の主要な宇宙機関は1993年に機関間スペースデブリ調整委員会を設立した．この活動のひとつとして，NASA（米国航空宇宙局）と米国国防総省は，低軌道では10 cm以上，対地同期軌道（静止軌道）では1 m以上の物体を監視している．

宇宙ステーション

宇宙へ行くのはひと苦労だが,そこに滞在するのはもっと大変だ.酸素や食物の供給に加え,廃棄物を処理できる能力も必要だ.

　最初の宇宙ステーションは,1971年に打ち上げられたロシアのサリュート1号で,3つの区画があった.米国は,最初の宇宙ステーションであるスカイラブを1973年に軌道上に乗せた.スカイラブには3人の宇宙飛行士が訪れ,最後は1979年にオーストラリアに落下した.

　1970年代,ロシアは一連のサリュート代替機(サリュート3号〜7号)を打ち上げた.これは,1986年に打ち上げられたより大規模なミール宇宙ステーションのお膳立てとなった.ミールには10年にわたってつねに宇宙飛行士が滞在し,長期間の宇宙滞在における人体への影響についての知識を得ることができた.

　1998年,16の国が過去最大となる国際宇宙ステーションの建設に取りかかった.モジュール方式を採用し,それ

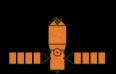

天宮1号宇宙ステーション(中国)
運用期間／2011〜2020年(予定)
全長／10.4 m

サリュート(1号,3〜7号)／
ソユーズカプセル(ロシア)
運用期間／1971〜1991年
全長／15.8m

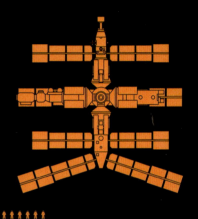

ミール宇宙ステーション(ロシア)
運用期間／1986〜2001年
全長／31 m

スカイラブ(NASA)
運用期間／1973〜1979年
全長／26.3 m

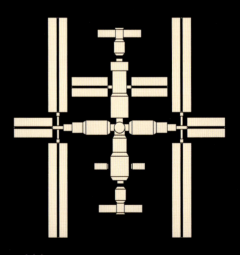

中国の宇宙ステーション(計画中)
運用期間／2023年〜
全長／20 m

それ別の国で製作した部分を合体させる方式をとった．現在，多種多様な目的に対応する 14 の与圧モジュールがある．2000 年からは継続的に宇宙飛行士が滞在している．中国は，天宮 1 号宇宙ステーションを 2011 年に打ち上げ，より大きなステーションの打ち上げを 2020 年代に計画している．

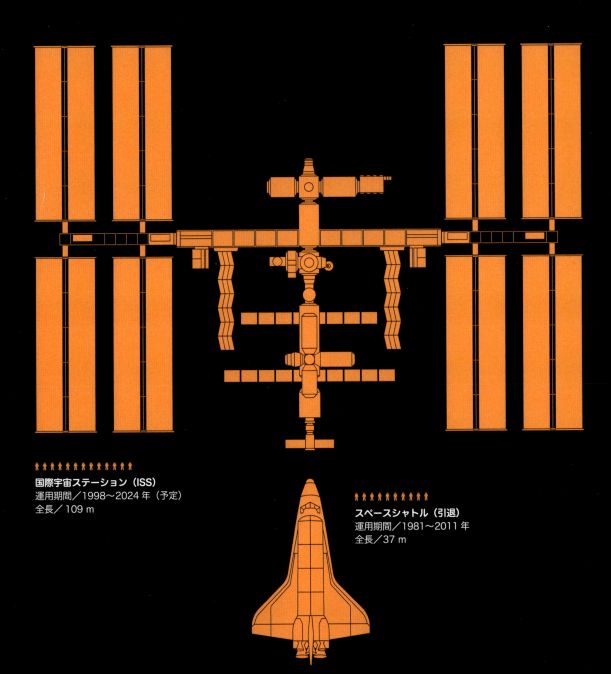

国際宇宙ステーション（ISS）
運用期間／1998〜2024 年（予定）
全長／109 m

スペースシャトル（引退）
運用期間／1981〜2011 年
全長／37 m

月への旅行

1969年7月16日，サターン5型ロケットがケネディ宇宙センターから月へと打ち上げられた．3人の乗組員は，続く3日間で地球と月の間の38万kmを移動することになる．

いったん月周回軌道に入ると，ニール・アームストロング (Neil Armstrong) とバズ・オルドリン (エドウィン・オルドリン，Edwin 'Buzz' Aldrin) は，マイケル・コリンズ (Michael Collins) を残してイーグル月着陸船で表面に降りた．最終降下時には，岩の多い場所を避けるために操縦の技術が要求された．彼らは，残りの燃料がたった45秒の状態で着陸した．

7月21日の02:56（世界時）に月面に降りた後，オルドリンとアームストロングはさまざまな試験をし，土壌サンプルを採取し，多くの写真を撮影して，ニクソン大統領と話をした．約2時間半後に月着陸船に戻り，数時間休息をとった後，17:54（世界時）に離陸するための準備をした．2人は，月周回軌道上のマイケル・コリンズと再び合流し，地球帰還の旅へと出発した．

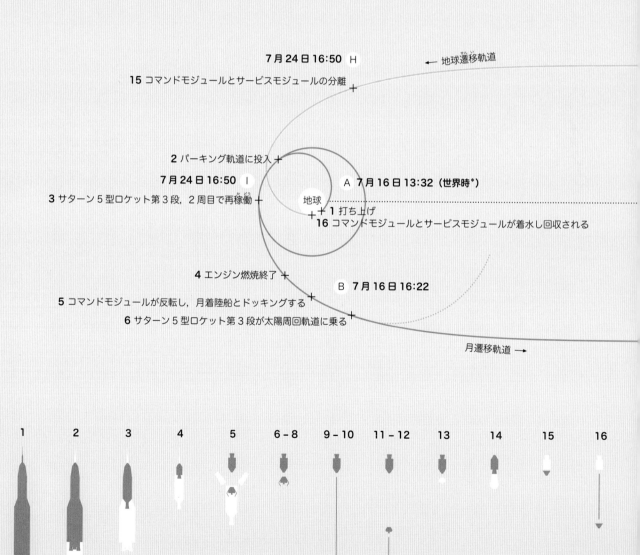

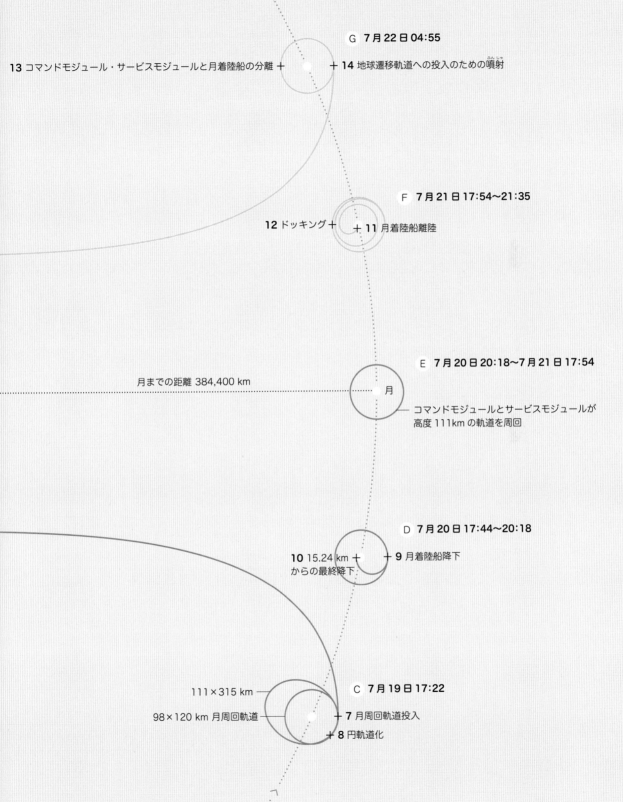

月面で

1969年7月20日の20:18（世界時），アポロ11号の月着陸船が月面に着陸した．そのときに，燃料タンクには45秒間分の燃料しか残っていなかった．

宇宙飛行士のニール・アームストロングとバズ・オルドリンは，必要なときに離陸できるよう準備するために月着陸船で2時間作業を行った．そして，食事休憩をとり，船外を歩き回る準備をした．着陸から約6時間半後，ニール・アームストロングはハッチからはしごの一番上に出た．彼はこの出来事を撮影するため白黒のテレビカメラを取り出し，はしごを降りていった．月面に降りたとき，彼が例の有名な言葉*を言い，そしてバズ・オルドリンも続いた（*訳注：ひとりの人間にとっては小さな一歩だが，人類にとっては偉大な一歩だ）．

彼らは，テレビカメラを着陸船からちょっと離れたところに設置し，米国の国旗を立てて，米国大統領と話をした．最も動きやすい方法を体得しようと少し試行錯誤を行った後，まず近くを探査し，写真を撮影し，実験をいくつか行い，地球へ持ち帰るための石を採取した．彼らは合計で約20 kgの月の物質を持ち帰った．

21.6時間という比較的短い月面滞在の後，地球からの最初の訪問者たちは月周回軌道へと打ち上がった．この後，さらに5回のアポロミッションが続くことになる．

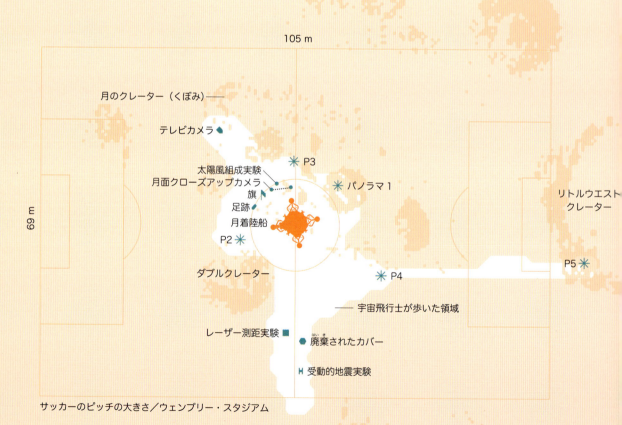

アポロの月面着陸位置

アポロ11号着陸地点
北緯0.67409度／東経23.47298度

アポロ 11 号が月に残してきたもの

- 月着陸船下降モジュール
- 金でつくったオリーブの枝
- アポロ 1 号の徽章（ワッペン）
- 宇宙飛行士のメダル
- ムーン・メモリアル・ディスク
- テレビカメラ
- テレビの付属品
- テレビの広角レンズ
- テレビのデイレンズ
- テレビのケーブル（30.5m）
- 偏光フィルター
- S 帯アンテナ
- S 帯アンテナケーブル
- 国旗のセット
- 実験用のセントラル・ステーション
- 受動的地震実験用機材
- レーザー測距用反射鏡
- ポータブルの生命維持装置
- 酸素フィルター
- リモートコントロールユニット
- 尿採取装置
- 排便収集装置
- オーバーシューズ
- 袋
- ガスコネクターカバー
- ウエストロープ
- 命づな
- 運搬装置
- 食べ物（4 人日分）
- SRC/OPS アダプター
- 箱, ECS LIOR
- コンテナ
- 組み立て式パレット 2 個
- 主要構造部分
- ハンマー
- 標本採取用大型スコップ
- 拡張ハンドル
- トング
- グノモン（台は除く）
- 上昇ステージ

アポロ 11 号の月着陸船

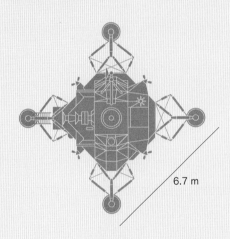

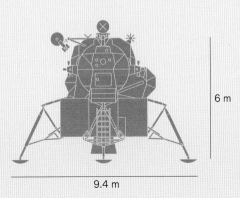

月へのミッション

何千年もの間，人類は月を見てきた．この宇宙の隣人(りんじん)のところへ実際に行くことを夢見た人もいる．20世紀になると，この夢がついに実現する．ソ連と米国がそれぞれ，宇宙空間をわたって月まで到達(とうたつ)できるロケットをつくったのだ．

　計画初期のころは困難だらけで，多くのロケットは打ち上げ時や打ち上げ直後に爆発(ばくはつ)した．正しい軌道(きどう)に乗ることができなかったものもあった．最初に成功が確認されたのは，ソ連による1959年のルナ2号と数週間後に続いて打ち上げられたルナ3号だ．その後は失敗が続き，1964年になってレンジャー7号が米国のミッションとして初めて成功した．続く5年間にわたって信頼性(しんらい)が向上し，1968年のクリスマスに人類が初めて月のまわりを回った（ゾンド5号がカメなどを乗せて月まで行って戻ってきたちょうど3か月後のことである）．結局米国は，全部で12人を月面まで往復させた．

　アポロミッションの後は，月への関心はしばらくの間うすれていたが，2000年の節目を過ぎると，ヨーロッパ，インド，中国が月を目指すという新しい宇宙開発競争が始まった．

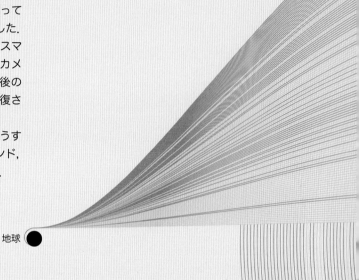

― 成功したミッション
― 失敗したミッション

A／パイオニア0号（1958年）
B／ルナ2号（1959年）
C／レンジャー7号（1964年）
D／ルナ9号（1966年）
E／アポロ8号（1968年）
F／アポロ11号（1969年）
G／アポロ13号（1970年）（一部失敗）
H／ルナ17号（1970年）
I／アポロ17号（1972年）
J／ルナ21号（1973年）
K／ルナ24号（1976年）
L／ひてん（1990年）
M／スマート1（2003年）
N／チャンドラヤーン1号（2008年）
O／嫦娥（じょうが）3号（2013年）

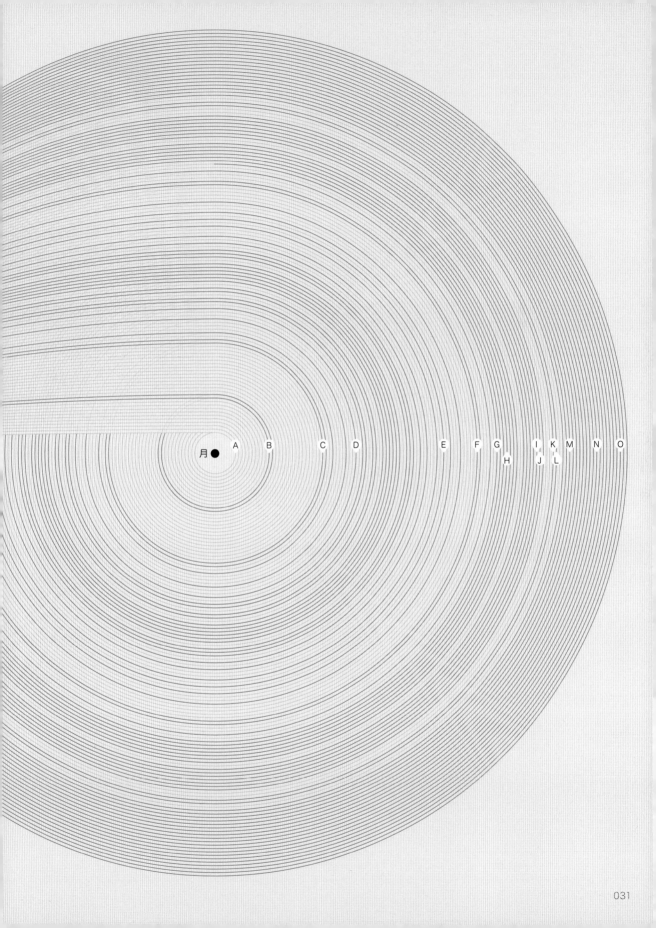

惑星へのミッション

宇宙探査は容易ではない．1960年代から100を超えるミッションで探査機が約30個の異なる太陽系天体へ向かっている．ここには，月は含まれていない．

すべてが成功したわけではない．初期のころの火星や金星へのミッションでは，目的地に着くまでに失敗してしまったものが多い．2つ以上の天体に寄った探査機もある．パイオニア10号・11号，ボイジャー1号・2号のように，太陽系の外へと旅を続けているものもある．

本書を読むころには，多くの探査機が目的地に到着しているだろう＊．たとえば，ジュノー探査機は木星に，あかつき探査機は金星に，そしてはやぶさ2探査機はリュウグウ（1999 JU3）に（＊訳注：あかつきは2015年12月7日に，ジュノーは2016年7月4日に，それぞれの目的の天体のまわりの周回軌道に入った）．

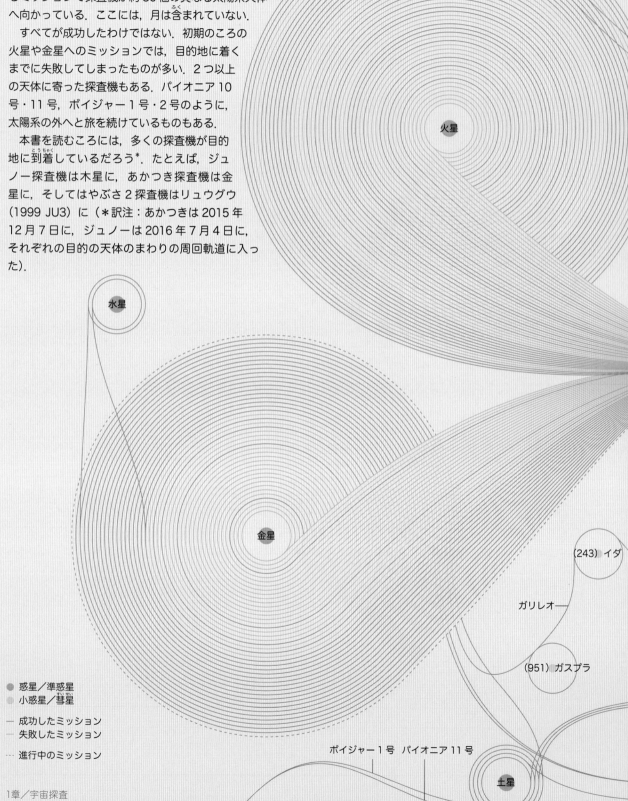

● 惑星／準惑星
● 小惑星／彗星
— 成功したミッション
— 失敗したミッション
… 進行中のミッション

1章／宇宙探査

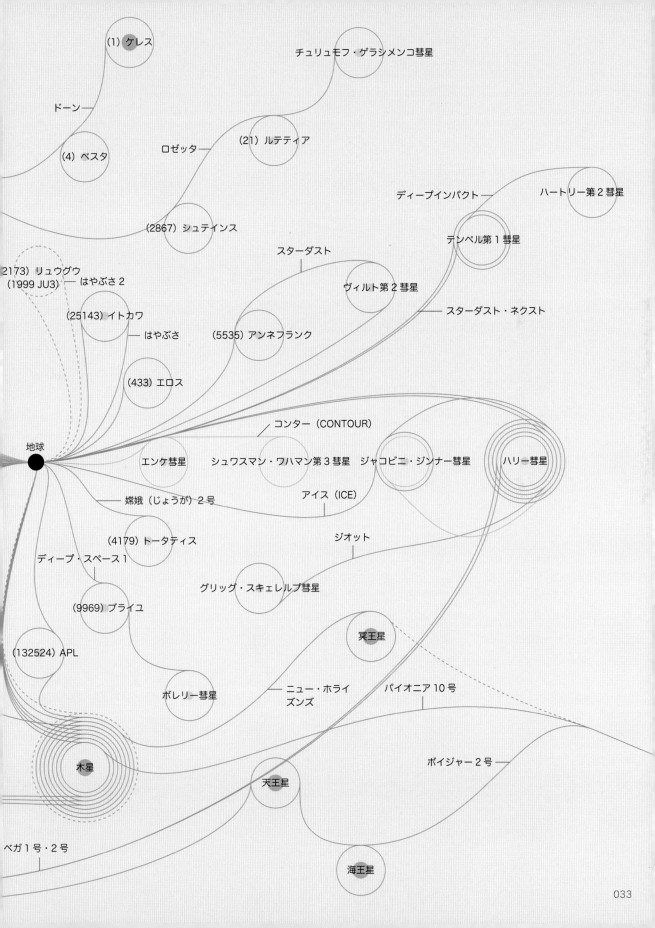

遠距離の旅人

メッセンジャー／90.4 天文単位

NASA（米国航空宇宙局）の探査機メッセンジャーが 2004 年に打ち上げられ，最も内側の惑星である水星に向かった．太陽に非常に近い水星を周回するには，速度をかなり落とさなければならない．速度を落とすためには，地球，金星，水星に何度も接近してそれらの引力を利用する必要があり，長い時間がかかった．

メッセンジャー／平面図

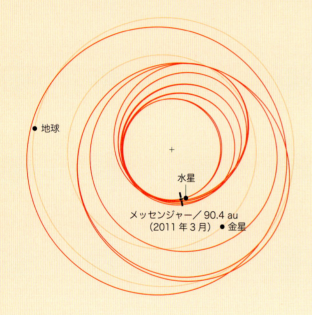

メッセンジャー／立面図

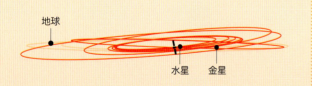

1 天文単位（au）＝約 1 億 4,960 万 km（地球と太陽の間の距離）

ボイジャー，パイオニアそしてニュー・ホライズンズ

NASA のパイオニア 10 号と 11 号は，それぞれ 1972 年と 1973 年に，木星を訪れる最初の探査機として打ち上げられた．1977 年に NASA は，木星と土星が都合よく配置する機会を利用して，木星と土星を訪れるボイジャー 1 号と 2 号を打ち上げた．ボイジャー 2 号は，そのまま継続して，天王星と海王星を訪れた唯一の探査機となった．2006 年には，ニュー・ホライズンズが冥王星を探査する最初の探査機として打ち上げられ，2015 年 7 月に冥王星に到達した．

ボイジャー，パイオニア，ニュー・ホライズンズ／平面図

- ニュー・ホライズンズ／35.0 au（2015 年 7 月）
- ボイジャー 1 号／142.3 au
- ボイジャー 2 号／131.6 au
- パイオニア 10 号／122.6 au
- パイオニア 11 号／118.6 au

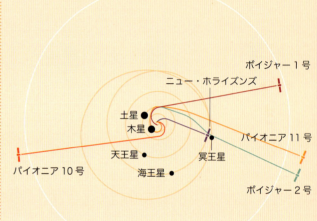

ボイジャー，パイオニア，ニュー・ホライズンズ／立面図

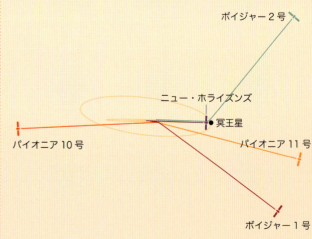

ロゼッタ／42.8 天文単位

ESA（欧州宇宙機関）の探査機ロゼッタは，2004 年に打ち上げられ，67P/チュリュモフ・ゲラシメンコ彗星を追いかけるのに 10 年かかった．途中で，ロゼッタは，火星，木星，そして 2 つの小惑星を訪れた．2014 年の終わりごろ，ロゼッタは彗星核を回る世界初の探査機となり，また，初めて彗星の表面に着陸機を降ろすのにも成功した．

ロゼッタ／平面図

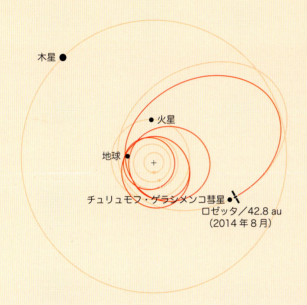

ロゼッタ／立面図

ユリシーズ／79.2 天文単位

ユリシーズは，NASA と ESA（欧州宇宙機関）によって 1990 年に打ち上げられた探査機で，太陽をいろいろな方向から観測することが目的であった．太陽の極方向に向かう軌道に乗せるには惑星の軌道面から離れていく方向に軌道を変える必要があるが，そのために木星の引力を利用した．

ユリシーズ／平面図

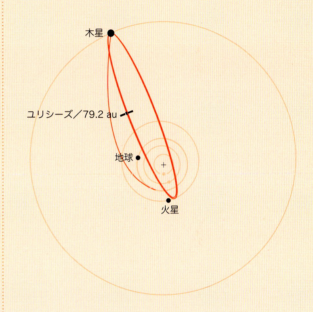

ユリシーズ／立面図

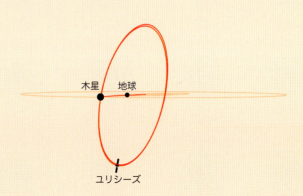

惑星の探査車（ローバー）

1970年には，月へ到達する競争は終わった．次は，月の表面を探査する時代だ．ソビエト連邦は，自動走行の技術でさっと主導権をとって，月に2台のルノホート探査車を送った．ルノホート2号の走行距離は，何十年もの間，破られることはなかった．

NASAは，後半のアポロ計画において宇宙飛行士を月面車とともに月に送り込んだ．その月面車は軽量のバギー（小型自動車）で，初期のアポロ宇宙飛行士のときに比べて，ずっと遠くへ速く移動することができた．

NASAの最初の自動走行探査車は，お盆くらいの大きさのソジャーナと名づけられたもので，火星に送られた．着陸機からたった12mくらいしか離れず，100m程度移動しただけではあるが，次世代への道を切り開くことになった．

2004年，スピリットとオポチュニティが火星に着陸し，90日間の予定で探査を開始した．両方ともその担当者の予想をはるかに超えた運用がなされた．スピリットは，2009年にやわらかい砂地に車輪が埋もれてしまい，2010年，火星の寒い冬のため機能を停止した．

〜 月　　〜 火星

ルノホート1号 ソ連／月 1970〜1971年　　**10.54 km**

アポロ15号 NASA／月 1971年

アポロ16号 NASA／月 1972年

アポロ17号 NASA／月 1972年

ルノホート2号 ソ連／月 1973年

ソジャーナ NASA／火星 1997年 **100 m**

スピリット NASA／火星 2004〜2010年　　**7.73 km**

オポチュニティ NASA／火星 2004年〜

キュリオシティ NASA／火星 2012年〜　　**10.30 km***

玉兎（ぎょくと） 中国／月 2012年 **40 m**

1章／宇宙探査

オポチュニティのほうは着陸後10年を経ても動いており，2014年に地球外での表面移動距離の記録をぬりかえた．これらの探査車によって，何十億年も前，火星はずっとあたたかく湿った世界だったことが確認された．

　これまでで最も高度な探査車はキュリオシティである．2012年に打ち上げられた車ほどの大きさの探査車だ．レーザーを含む10の科学機器を搭載し，火星がかつては生命を宿すことができるものであったことを示した．しかし，火星にかつて生命がいたかどうかについては，無人探査か有人探査かはわからないが，将来の探査にその回答が持ち越された．

　2013年，中国は玉兎という探査車を搭載した探査機，嫦娥3号の月面着陸に成功した．玉兎は，着陸機のまわりを回り，40 mほど進んだところで機械的なトラブルが発生し動けなくなった．しかし，その後，数か月にわたってパノラマの写真などを送り続けた．

27.90 km

26.70 km

35.74 km

39.00 km

フルマラソン 42.20 km

42.20 km*

＊2015年3月までに移動した距離

2章／太陽系

惑星の数は?

プラネット（惑星）という言葉は，古代ギリシャ語の「さまよう者」に由来し，恒星に対して移動していくすべての天体のことであった．数千年にわたって，プラネットとは，水星，金星，火星，木星，土星，太陽，月のことを指していたが，17世紀になると状況はがらりと変わり，木星や土星の近くに天体が発見され，数は16個に増えた．

太陽系についての私たちの理解が進み，彗星が天体であるということを示す観測もともなって，「惑星」の定義が初めて変わることになる．惑星とは，ほぼ円形の軌道に沿って太陽のまわりを回っている天体ということになったのだ．太陽はもはや惑星ではなくなった．一方，地球は惑星となった．月は，木星や土星のまわりの天体と同様に，新しい分類である「衛星」とされた．

新しい定義のもとで，天王星の発見は古代以来の初めての新しい惑星の発見となった．19世紀の初期には海王星が発見され，さらにケレス，パラス，ジュノー，ベスタ，アストラエアと発見が続き，合計で13個となった．1847年，火星と木星の間を公転しているこれらの小さい天体は「小惑星」に再分類されることになり，再々度，惑星の数は減って8個となった．

1930年には冥王星が発見され，惑星の数は9個になった．21世紀になるとハウメア，エリス，マケマケが発見され，惑星とは何なのかについて再定義が行われ，「準惑星」という新しい分類がつくられた．私たちのいる太陽系はいま，8つの惑星，5個の準惑星，182個の衛星，65万個を超える小惑星からなっている．いまのところは……．

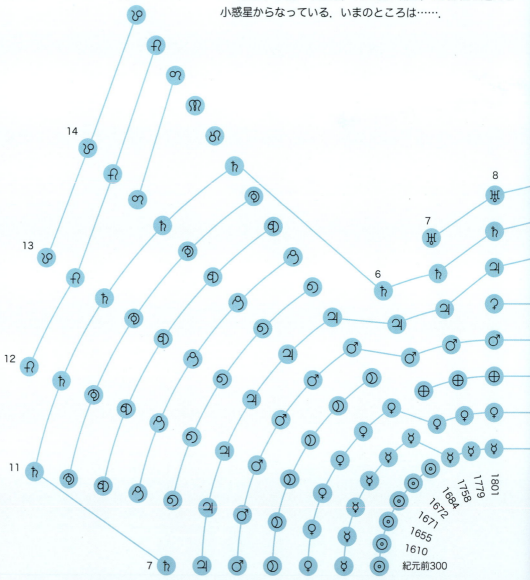

惑星分類の経時的変化

- 惑星
- 準惑星

アストラエア（Astraea）	ハウメア（Haumea）	月	ティタン（Titan）
カリスト（Callisto）	イアペトゥス（Iapetus）	海王星	天王星
ケレス（Ceres）	イオ（Io）	パラス（Pallas）	金星
ディオネ（Dione）	ジュノー（Juno）	冥王星	ベスタ（Vesta）
地球	木星	レア（Rhea）	
エリス（Eris）	マケマケ（Makemake）	土星	
エウロパ（Europa）	火星	太陽	
ガニメデ（Ganymede）	水星	テティス（Tethys）	

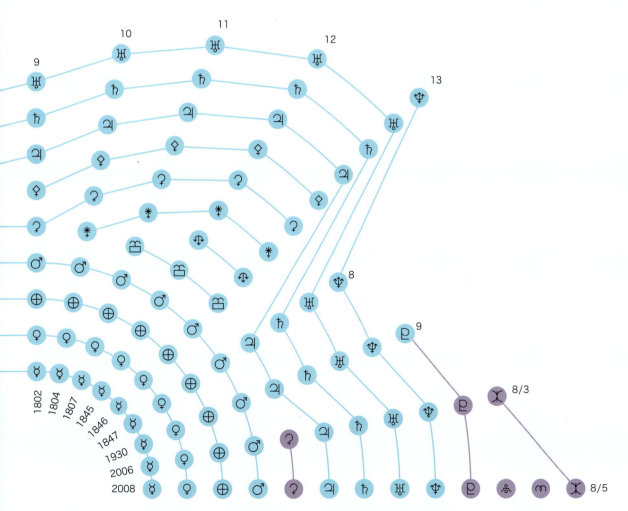

太陽系のスケールモデル

惑星までの距離を想像するのは,なかなか難しい.それは,特に惑星の大きさに比べて距離が非常に大きいためである.太陽をパリに置いて大きさをエッフェル塔の高さくらいに小さくしたとしよう.すると,水星はパリ郊外の外縁部に位置することになる.一方で,地球は 40 km ほど離れたところになり,大きさはアフリカゾウくらいとなる.木星は,その軌道がフランスを大きく囲むくらいとなり,土星の軌道は,ブリュッセル(ベルギー)やロンドン(英国)を通るくらいになる.そして,天王星はミュンヘン(ドイツ)やリバプール(英国)を通るような軌道となる.最も外側の惑星である海王星は,コペンハーゲン(デンマーク)あたりに見つかることになり,太陽系外縁天体はモロッコかアゾレス諸島で休暇中,という感じになる.

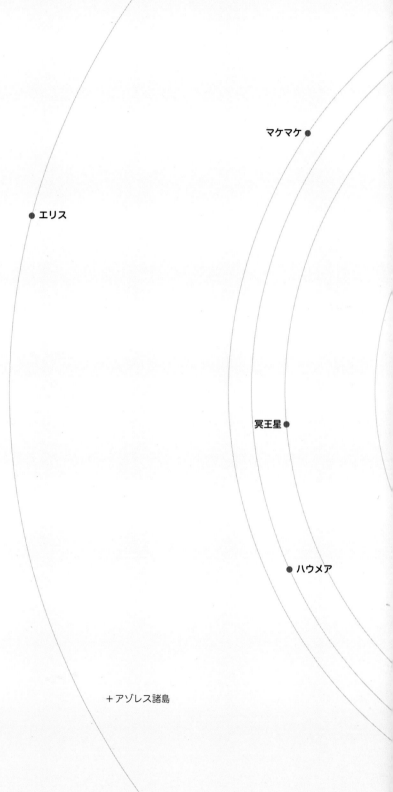

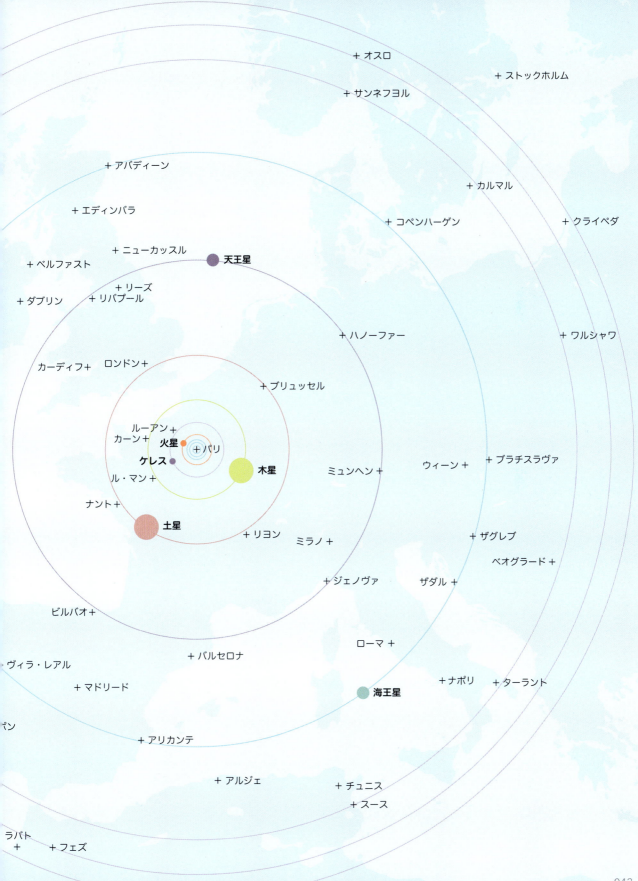

惑星の家族

太陽系を構成している天体は，数 m の大きさの小惑星から直径が 14 万 km ほどもある巨大な木星まで，その大きさは広い範囲にわたる．

　8 つの惑星は，3 つの種類に分けることができる．太陽に近い 4 つは，ほとんどが岩石でできた惑星である．最も大きい 2 つである木星と土星は，巨大ガス惑星とよばれ，ほとんどが水素とヘリウムでできている．遠方の 2 つで，巨大氷惑星である天王星と海王星は，大きな固体の核があり大気中にはメタンが含まれている．準惑星のほとんどはカイパーベルトに存在しており，海王星軌道以遠を公転している氷天体の中の最大級の天体である．そのような遠方では観測が難しいため，カイパーベルトの中にはまだ発見されていない天体がたくさんあることはほぼ確実だろう．

　多くのより小さい太陽系天体は，火星と木星の軌道の間の小惑星帯で公転している．直径が何百 km もあるような小惑星も何十個も存在しているが，群を抜いて大きいものがケレスである．小惑星帯中で最も大きい 4 つの質量を合計すると，小惑星の全質量の半分にもなる．

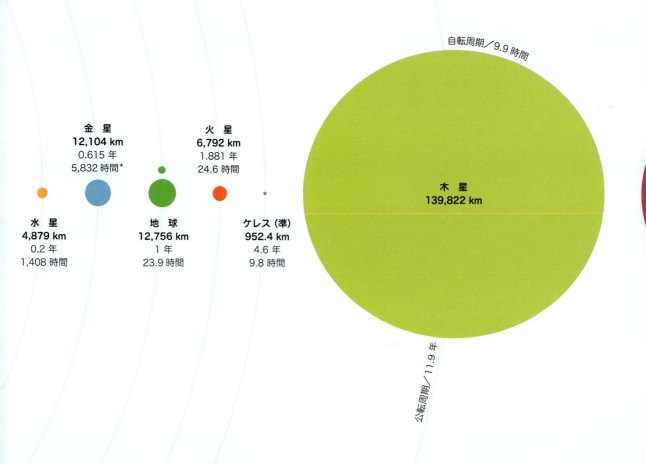

惑星名（準＝準惑星）
直径
公転周期（地球年）
自転周期

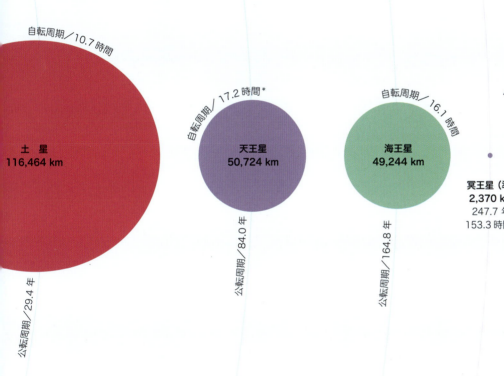

自転周期／10.7 時間

土　星
116,464 km

公転周期／29.4 年

自転周期／17.2 時間＊

天王星
50,724 km

公転周期／84.0 年

自転周期／16.1 時間

海王星
49,244 km

公転周期／164.8 年

ハウメア（準）
1,300 km
281.9 年
3.9 時間

冥王星（準）
2,370 km
247.7 年
153.3 時間＊

エリス（準）
2,326 km
561.4 年
25.9 時間

マケマケ（準）
1,430 km
305.3 年
22.5 時間

＊金星は，他の惑星に対して反対方向に自転している．
　天王星と冥王星は，自転軸が横倒しになっている．

衛　星

今日私たちは，惑星のまわりを回っている天体を「衛星」と考えている．最もわかりやすい例は，私たちに一番近いところにある，地球を回る月である．1610年になってガリレオが望遠鏡を木星に向けたとき，初めて他の天体のまわりを回る衛星があることがわかった．最初の土星の衛星は1655年に発見された．天王星の衛星については，天王星が発見されてから6年後の1787年に観測された．火星の2つの小さい衛星にいたっては，発見されたのは1877年のことだ．

20世紀と21世紀には，発見される衛星の数が莫大に増えた．これは，望遠鏡の分解能が上がったことにもよるが，ほとんどは惑星を訪れた多くの探査機による．

私たちは現在，地球，火星，木星，土星，天王星，海王星，冥王星，エリス，ハウメアのまわりに衛星があることを知っている．

命　名

歴史的には，衛星はそれを発見した人が名前をつけることが多かった．しかし1975年からは，国際天文学連合が命名の手続きを監視している．中心の天体に応じて，現在ではいくつかの命名規約がある．火星の2つの衛星は，アレス（ギリシャ語でMarsに対応する）の子どもの名前からとられている．木星の衛星は，ジュピター（ゼウス）の愛人や子孫の名前にちなんでいる．土星の衛星は，巨神族やその子孫の名前である（現在では，ギリシャ，ノルウェー，ガリア，イヌイットの神話から）．天王星の衛星には，シェイクスピアの劇の登場人物の名前がついている．海王星の衛星には，ギリシャ神話の海の神様の名前が，そして冥王星の衛星には冥界に関係した名前がついている．

2章／太陽系

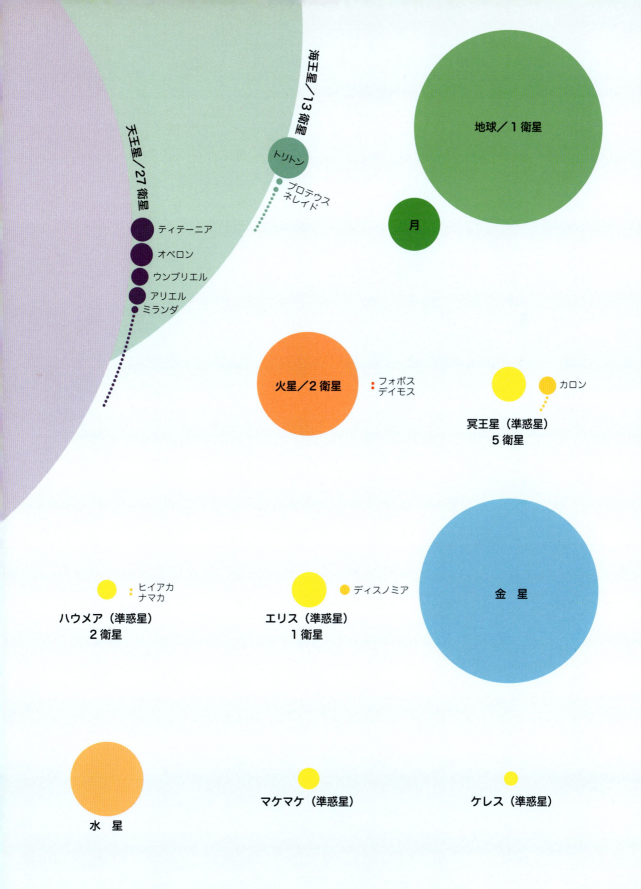

食

もしあなたがこれまでに皆既日食を見たことがあれば，それがどれほど特別な現象かわかるだろう．日食は，月が地球と太陽の間を通過するときに起こる．月食は，地球が太陽と月の間を通過するときに起こる．月は4週間で地球のまわりを回っているわけだから，どうして日食と月食が2週間ごとに起こらないのだろうか？

月の軌道は，地球の軌道に対して少し傾いているので，ほとんどの場合，月は太陽の上か下を通過するように見えるし，あるいは地球の影の上か下を通過するように見える．また，軌道は円形ではないので，月はより小さく見える時期があり，そのときには太陽を完全に隠すことができない．そのような日食は，太陽の光が環のように見えるので，金環日食とよぶ．

月の動きは複雑なので，日食や月食に関連する周期にはいろいろなものがある．たとえば，セメスター（177.2日＝およそ半年弱），太陰年（354.4日），サロス（6,585.32日＝およそ18年強）などがある．

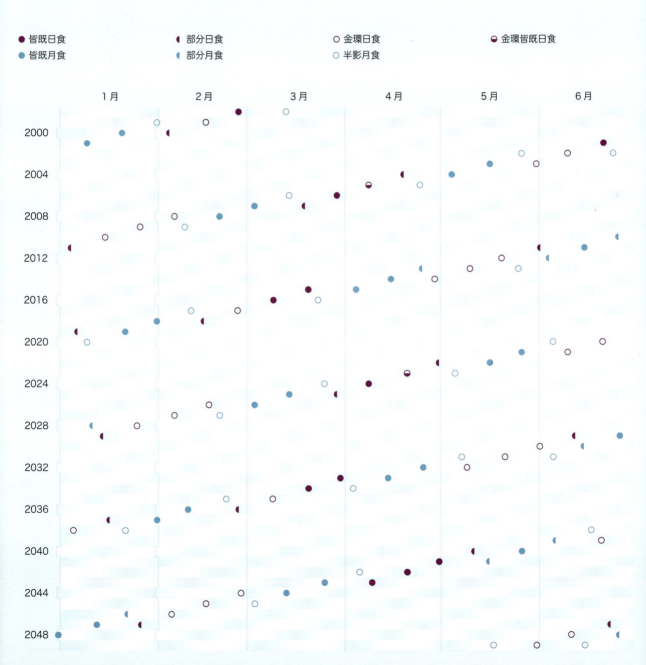

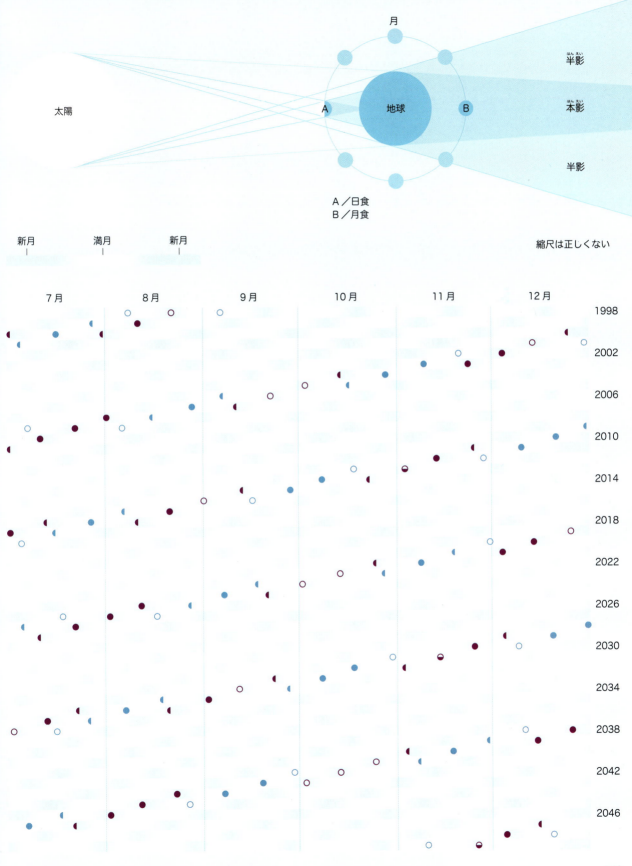

太陽系トップテン

山
太陽系内の山のふもとから頂上までの高さ．
最も高い山は，2011年に探査機ドーンで発見された小惑星ベスタの南極にある山である．

10.2 km	829.8 m	11.7 km	12.6 km	12.7 km	13.4 km
地球／マウナケア山	ブルジュ・ハリファ／UAE	火星／アルシア山	火星／エリシウム山	イオ／イオニア山東峰	イオ／エヴィア（Euboea）

湖
太陽系で最も大きな湖は，探査機カッシーニが2007年に土星の衛星タイタンに発見したクラーケン海で，炭化水素の液体でできている．

31,500 km²	32,000 km²	32,893 km²	58,000 km²	59,600 km²
地球／バイカル湖	イオ／ロキ・パテラ（溶岩）	地球／タンガニーカ湖	地球／ミシガン湖	地球／ヒューロン湖

峡谷，水があふれて流れた跡，細長いくぼみ
太陽系で最も長い峡谷は，探査機ベネラ15号・16号が発見した金星のバルティス峡谷で，おそらくかつては溶岩の川であった．

- 740 km　レア／ガルンラティ谷（Galunlati）谷
- 1,219 km　テティス／イタカ谷
- 1,758 km　火星／アレス峡谷
- 3,160 km　金星／チトラルプル（Citlalpul）
- 700 km　金星／アーサブカブ（Ahsabkab）峡谷
- 750 km　地球／グリーンランドの巨大峡谷
- 1,580 km　火星／カセイ（Kasei）峡谷
- 1,720 km　火星／ティウ（Tiu）峡谷

クレーター
ボレアレス盆地は，火星の北半球全体をほとんど覆うようなクレーターである．その起源ははっきりしていないが，過去のある時点で起こった衝突の結果ではないかと考えられている．

505 km	580 km	715 km	1,145 km	1,550 km	2,300 km
ベスタ／レアシルヴィア（Rheasilvia）	イアペトゥス／ターギス（Turgis）	水星／レンブラント（Rembrandt）	月／雨の海（Mare Imbrium）	水星／カロリス盆地	火星／ヘラス平原

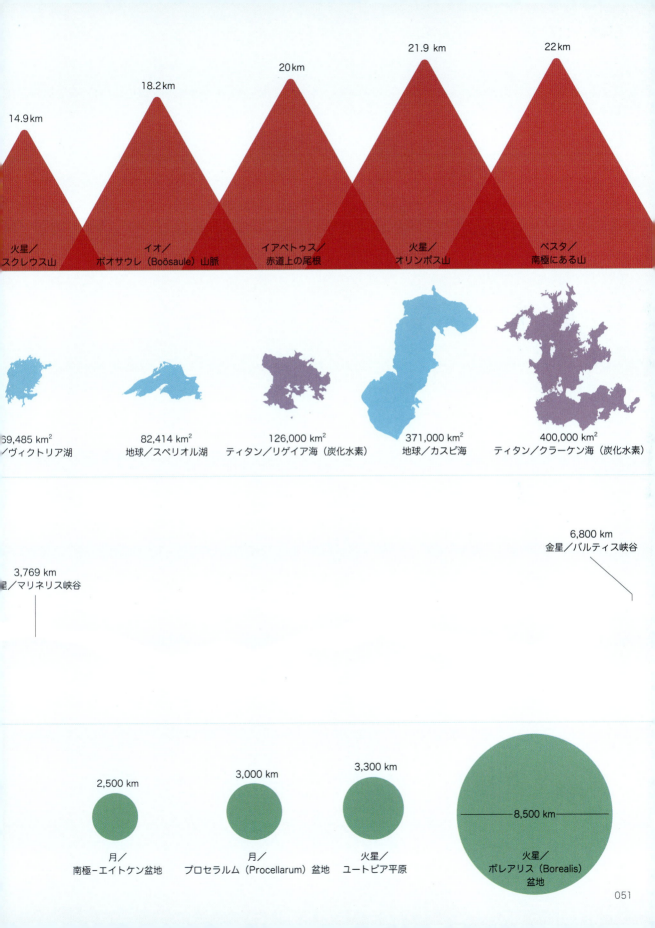

惑星と衛星の構造

地球の内部がどうなっているかは，地震学という学問のおかげでわかっている．月の内部構造は，月探査ミッションで月に置いてきた装置を用いて月の地震（月震）を調べることで，知ることができる．しかし，他の太陽系天体の内部を知ることはずっと難しく，探査機がすぐ近くを通過するときのデータと物理的なモデルから，内部構造を推定できるくらいだ．

木星や土星には強い磁場があるので，これらの天体には内部に電気を伝える物質，おそらく「金属水素」でできた物質があるに違いない．これらの天体の中心に固体の核があるかどうかはあまりはっきりしていない．天王星と海王星には氷と岩でできた核があり，そのまわりをおそらく水とメタンの氷の厚い層が取りまいていると考えられている．

外側にある太陽系天体の多くの衛星には，地下に液体の水の海があると考えられている．この液体の水は，中心の惑星の影響で生じる潮汐によって内部があたためられてできた．これにより，衛星という小さな世界は，その中心の惑星と同様，非常におもしろく不思議なものとなっている．

- 水
- 氷
- 岩／氷
- メタン
- 金属水素
- 大気
- 溶岩
- 岩
- 溶融鉄
- 固体鉄
- 固体鉄（硫化鉄を豊富に含む）

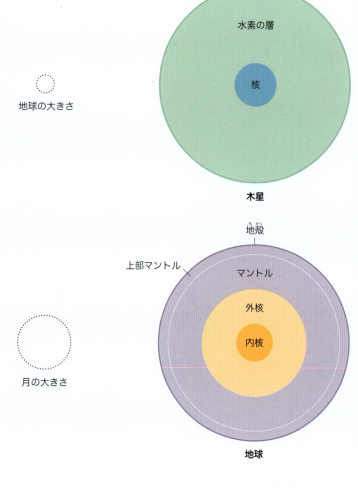

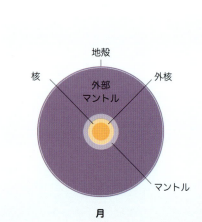

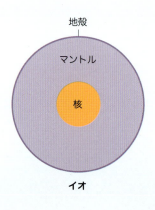

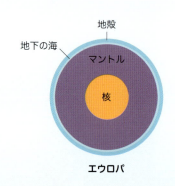

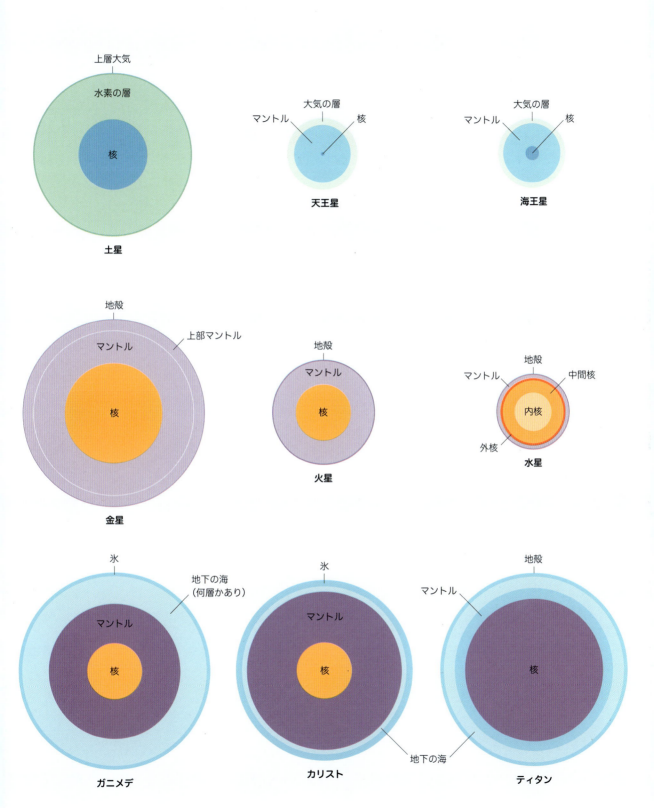

惑星の大気

地球の大気は，宇宙の厳しい環境から私たちを守ってくれる薄い防護層である．大気で最も温度が低い部分は対流圏界面で，そこにある薄い大気の層には地面の熱が伝わらない．この層は，太陽光の影響もあまり受けない．太陽光によって熱せられるのはそれより高い領域である．

金星大気は非常に高い圧力で焼けつくような高温のため，金星表面で生命が生存するのは不可能になっている．しかし50 km くらいの高度になると，気温や圧力は地球表面に似た感じになる．そこは，もし耳をつんざくような風や硫酸の雨，そして信じられないくらい上空にいるということを気にしなければ，非常に過ごしやすい場所であろう．

火星の大気はずっと薄く，温度はずっと低い．水の氷の雲はあるが，さらに二酸化炭素の氷の雲もある．

ティタンは土星で最も大きな衛星であり，地球以外で唯一，表面に液体がある天体である．その大気は地球よりも濃いが，非常に温度が低いため液体の水はどこにも存在できない．代わりに，ティタンには炭化水素の循環があり，メタンやエタンでできた雲，湖，川があり，メタンやエタンの雨ま

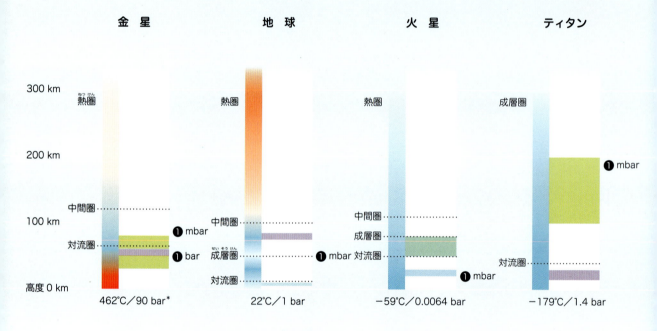

* bar（バール）：1 気圧は 1.01325 bar であり，ほぼ 1 気圧 = 1 bar とみなしてよい．

で降る．

外側の惑星には地球のような表面というものは存在しないが，大気圧が地球の表面と同じである1気圧のところを基準にして高度を測るのがふつうである．

木星の縞模様は，茶色の硫化水素アンモニウムの上にあるアンモニアの氷の白い雲によるもので，その下には水の氷の雲があると考えられている．1995年に，ガリレオ探査機が木星大気にプローブ（大気圏突入機）を落として，100 km以上の深さまで成分を調べ，風速が時速500 kmを超えていることを計測した．

土星の大気は，木星の大気と似ているが，重力が木星より弱いため高度方向によりふくれあがっている．炭化水素のもやがより低い層を見えにくくしているので，木星よりも変化の少ない表面に見えている．

天王星と海王星は，厚いメタンの層があり，そのために青っぽく見えている．海王星では，太陽系で最も強い風が吹いており，その速度は時速1,000 km以上にも達している．

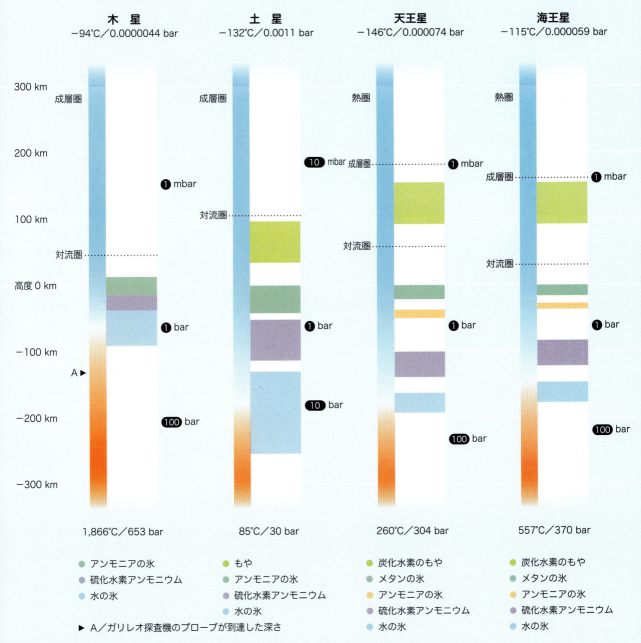

ロード・オブ・ザ・リング

土星は非常に美しい環（リング）で有名だが，環をもつのは土星だけではない．土星の環ほど明るくて広がったものではないが，外側の惑星はすべて，環をもっている．その起源はまだわかっていないが，衛星が粉々になったものか，そもそも衛星になることができなかった物質かのどちらかだろう．

海王星
海王星の環は，1980年代に初めて発見され，1989年にボイジャー2号によって確認された．海王星の環には，海王星発見に功績のあった天文学者の名前がつけられている．他の惑星の環と同様に，近くに小さな衛星がある．

天王星
天王星の環は，背景にある星の光をさえぎる現象が観測されたことで，1977年に最初に発見された．天王星の環には，名前の代わりに番号やギリシャ文字がつけられている．

木 星
木星の環は非常に薄く，1979年にボイジャー1号がすぐ近くを通り過ぎるときに初めて発見された．木星の環は，内側の衛星に小さな隕石が衝突することによってできた．

土 星
土星の主要な環は，発見された順にアルファベットの文字がつけられている．また，それらの間にあるすき間には，土星観測の歴史において重要な役割を果たした人々にちなんだ名前がつけられている．環の幅は何十万kmもあるのに，厚さは非常に薄く，たった数十mである．

　ボイジャーやカッシーニ探査機の観測によると，空隙は土星の小さな衛星によってつくられた．最も外側にあるE環は，衛星エンケラドゥスの南極から噴出した物質からできていると考えられている．

…… 環の幅

小惑星

小惑星は，惑星とみなされるほど大きくはないが，巨大な岩のかたまりである．イタリアの天文学者ジュゼッペ・ピアッツィ（Giuseppe Piazzi）によって，一番最初の小惑星（1）ケレスが1801年に発見された．そして，この200年の間に，火星と木星の間の同じような軌道に多数の小惑星が発見されてきた．これらが，小惑星帯を形づくっている．最も大きいケレスのような小惑星は十分に質量があるので球形をしているが，より小さい小惑星は引力が弱く不規則な形をしている．

302 × 232 km
65 キベレ（Cybele）

229 km
324 バンベルガ（Bamberga）

380 × 250 km
52 エウロパ（Europa）

530 × 370 km
10 ヒギエア（Hygiea）

975 km
1 ケレス（Ceres）

968.618 km
イングランドのランズ・エンドからスコットランドのジョン・オ・グローツまで

268 × 183 km
121 ヘルミオネ（Hermione）

344 × 205 km
107 カミラ（Camilla）

250 km
10199 カリクロ（Chariklo）

350 × 304 km
704 インテラムニア（Interamnia）

573 × 446 km
4 ベスタ（Vesta）

582 × 500 km
2 パラス（Pallas）

305 × 145 km
45 ウージェニア（Eugenia）

174 km
120 ラケシス（Lachesis）

320 × 200 km
3 ジュノー（Juno）

256 km
31 エウフロシネ（Euphrosyne）

278 × 142 km
48 ドリス（Doris）

188 km
128 ネメシス（Nemesis）

172 km
747 ウィンチェスター（Winchester）

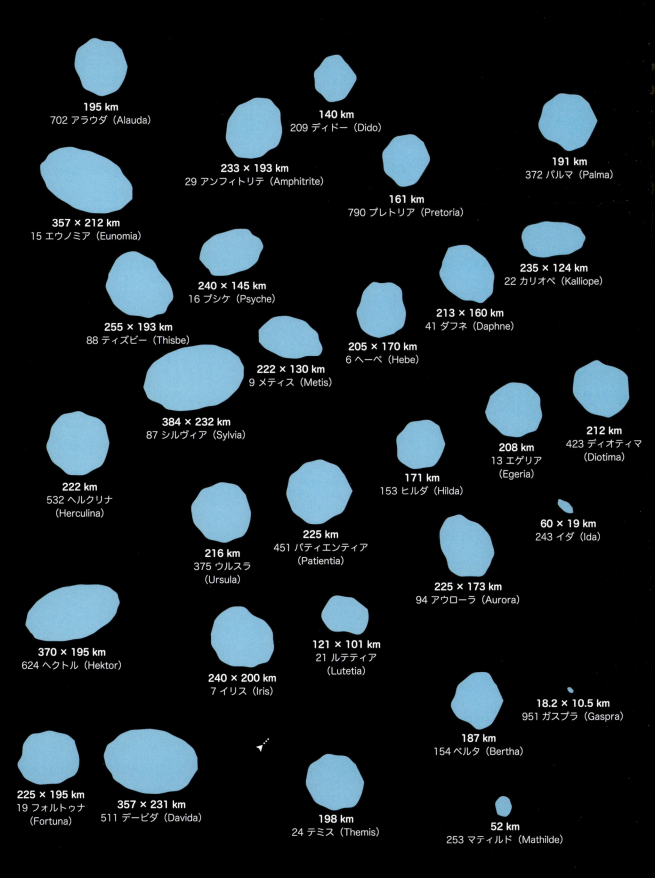

小惑星の分布

ほとんどの小惑星は，火星と木星の軌道の間の小惑星帯に存在しているが，すべての小惑星がそこにあるわけではなく，太陽系の内側の領域に存在するものもある．地球の軌道のそばまでくるものや，場合によっては地球軌道を横切るような小惑星は，地球接近小惑星とよばれている．このような小惑星は，いつの日か地球に衝突する可能性があり，私たちにとっては最も大きな脅威となっている．

　木星の強い引力は，小惑星の軌道に大きな影響を与えており，小惑星はこの巨大な惑星と一緒に動くことは避ける傾向にある．木星の公転周期の半分（2：1 共鳴）より長い公転周期にある小惑星の数は非常に少ない（訳注：公転周期が簡単な整数比になる関係を共鳴関係と表現する）．また，木星の公転周期の 4 分の 1（4：1 共鳴）よりも短い小惑星も非常に少ない．4：1 共鳴のところにある小惑星は，「ハンガリア」とよばれているグループである．

　小惑星帯の外側にある小惑星は，重力的に特別な場所に集まった「トロヤ群」という集団をつくっている．トロヤ群の小惑星には，ギリシャ軍とトロイア軍が戦ったトロイア戦争の兵士の名前がつけられている．これらの小惑星は，木星軌道上で木星の 60 度前方と後方に位置している．ヒルダ群は，木星が太陽を 2 周するときにちょうど 3 周する（3：2 共鳴）．

1 個 ●●● 90 個／小惑星帯
1 個 ●●● 09 個／トロヤ群・ギリシャ群
1 個 ●●● 04 個／ヒルダ群
1 個 ●●● 03 個／地球接近小惑星

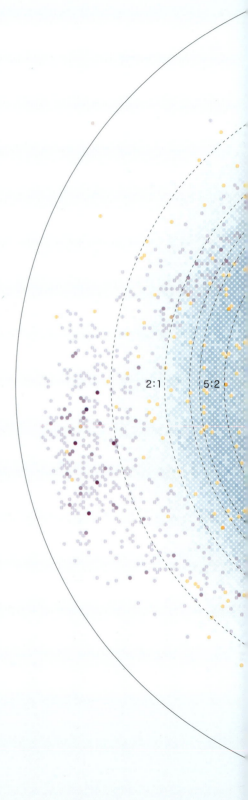

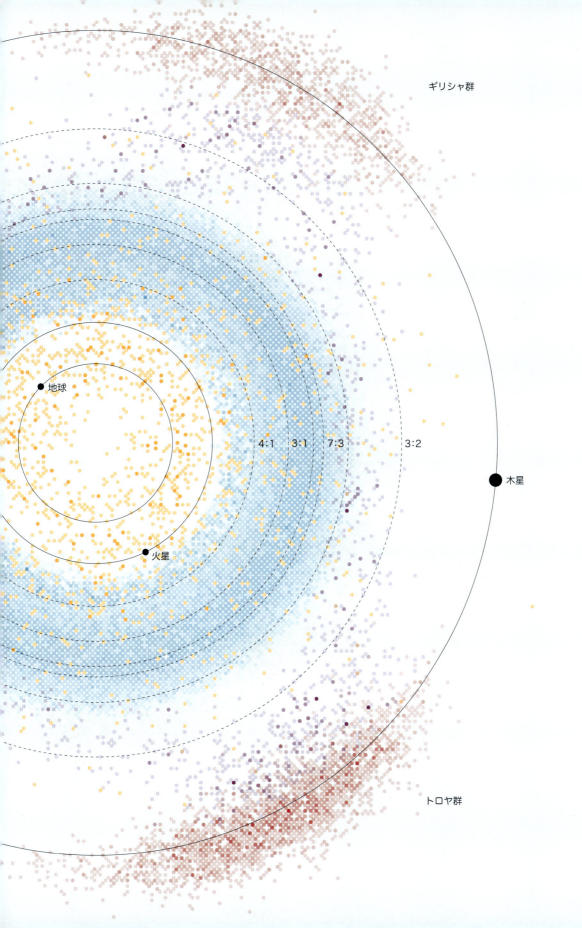

小惑星の名称

太陽系の大きな天体については，その表面の特徴，衛星，環への命名の仕方は決められている．しかし，もしあなたが小惑星を発見したら，あなたの好きなように名前を提案できるのだ．基本的な規則は，名前が重複してはいけないということ．小惑星センターが作成しているリストには，18,977個の名前がついた小惑星があるが，そのうちの13,290個にはその小惑星が，誰または何にちなんで名づけられたのかの説明文がついている．

小惑星の名称は，世界中のさまざまなものからきている．お察しのように，多くは科学者や天文学者（その友人や家族）にちなんで名づけられている．また，山や村，神話，有名な作家，さらにはモンティ・パイソン（訳注：英国のコメディグループ）のメンバーの名前もある．複数のカテゴリーに当てはまるような名前もある．

● 娯楽
- 13070 Seanconnery／ショーン・コネリー（1930年生まれ）．ジェームズ・ボンドの映画で知られる英国の俳優
- 13681 Monty Python／空飛ぶモンティ・パイソン
- 246247 Sheldoncooper／シェルドン・クーパー．「ビッグバン・セオリー」というテレビドラマシリーズの登場人物

● スポーツ・レジャー
- 230975 Rogerfederer／ロジャー・フェデラー（1981年生まれ）．スイスのテニス選手
- 6481 Tenzing／テイジン・ノルゲイ（1914-1986）．エベレスト登頂に最初に成功したネパールの登山家
- 20043 Ellenmacarthur／エレン・マッカーサー（1976年生まれ）．世界中を単独でヨットで航海している英国の女性

● 友人・家族
発見者の知人の名前がついている小惑星：
息子や娘の名前が19％，妻や夫の名前が18％，友人が16％，両親が16％，孫の名前が5％

● 地理
- 1718 Namibia／ナミビア．アフリカの国
- 10958 Mont Blanc／モンブラン．ヨーロッパで最も高い山
- 19620 Auckland／オークランド．ニュージーランド最大の都市

● 芸術・文学
- 4444 Escher／マウリッツ・C・エッシャー（1898-1972）．オランダの芸術家
- 10185 Gaudi／アントニ・ガウディ（1852-1926）．スペインの建築家
- 39427 Charlottebronte／シャーロット・ブロンテ（1816-1855）．英国の小説家・詩人

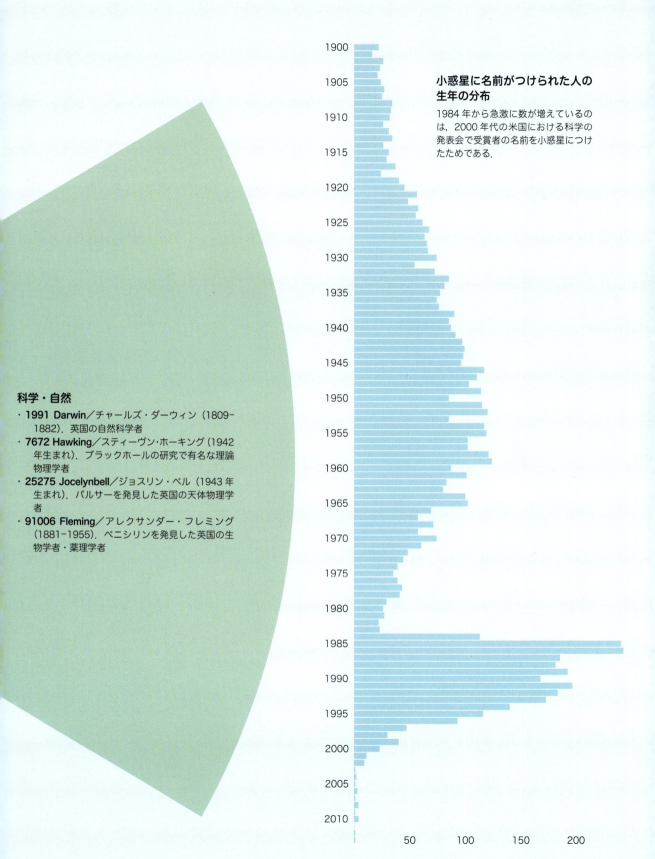

小惑星に名前がつけられた人の生年の分布

1984年から急激に数が増えているのは，2000年代の米国における科学の発表会で受賞者の名前を小惑星につけたためである．

科学・自然
- 1991 Darwin／チャールズ・ダーウィン（1809-1882）．英国の自然科学者
- 7672 Hawking／スティーヴン・ホーキング（1942年生まれ）．ブラックホールの研究で有名な理論物理学者
- 25275 Jocelynbell／ジョスリン・ベル（1943年生まれ）．パルサーを発見した英国の天体物理学者
- 91006 Fleming／アレクサンダー・フレミング（1881-1955）．ペニシリンを発見した英国の生物学者・薬理学者

差しせまった衝突

毎年のように何万個もの小惑星が発見されているが，そのほとんどは，非常に小さくて地球からかなり離れたところにある．しかしときどき，ちょっと安心してはいられないくらいの距離まで大きな小惑星が接近してくるという報告に驚かされる．

2029年には，小惑星アポフィスが地球から約4万kmのところを通過する．これは，天文学的にはそんなに遠方の話ではない．月までの距離のたった10分の1である．もう少し近かったら，大惨事となっていただろう．

一方，私たちが接近に気づかないような小惑星もある．1908年にロシアのツングースカに小惑星が衝突し，広範囲にわたって森林をなぎ倒した．私たちは現在そのような天体を監視しており，近年そのような天体を何百個も発見してきたが，すべてを見つけられたわけではない．

2013年2月，世界が驚く出来事があった．何の予告もなく10〜20 mの小惑星が大気圏に突入し，ロシアのチェリャビンスク上空で爆発したのだ．1,000人を超えるけが人が出たという．まだ見つかっていない天体はいったいいくつあるのだろうか？

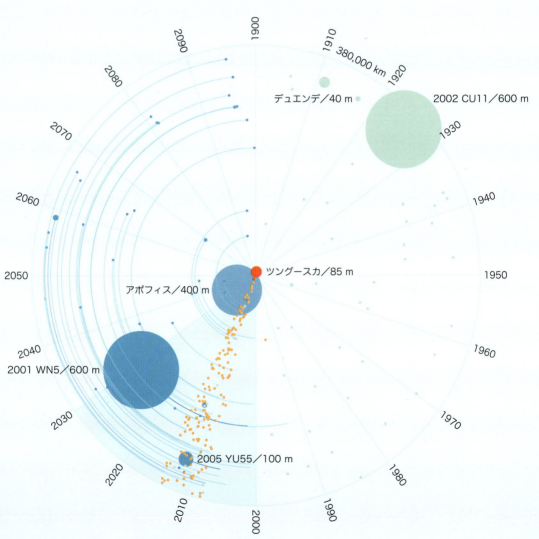

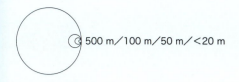
500 m／100 m／50 m／＜20 m

● 衝突したもの
● 警告時間が1か月以上あって通過していったもの
― 警告時間
● 警告時間がほとんどなくて通過していったもの
● 通過後に発見されたもの

2000〜2030年

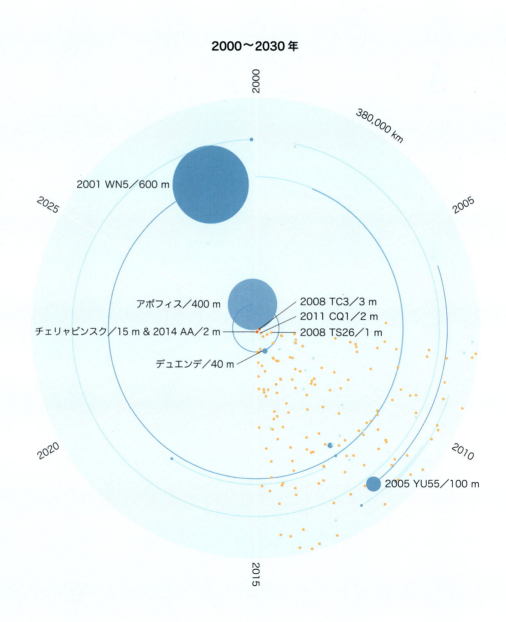

2001 WN5／600 m
アポフィス／400 m
2008 TC3／3 m
2011 CQ1／2 m
チェリャビンスク／15 m ＆ 2014 AA／2 m
2008 TS26／1 m
デュエンデ／40 m
2005 YU55／100 m

380,000 km

065

隕石の分類

ときどき，大気中で燃えつきたり爆発したりすることなく，地上に落ちてくる小さなかけらがある．落下する様子が観測される場合もあるが，地面に落ちているものが発見されることがほとんどだ．とくに，南極の氷の上で発見されるものが多い．岩石質のものもあれば，鉄のものもあるし，両方が混ざったものもある．破片の化学的な組成を調べることで，それらがどの天体からきたのかわかることがある．

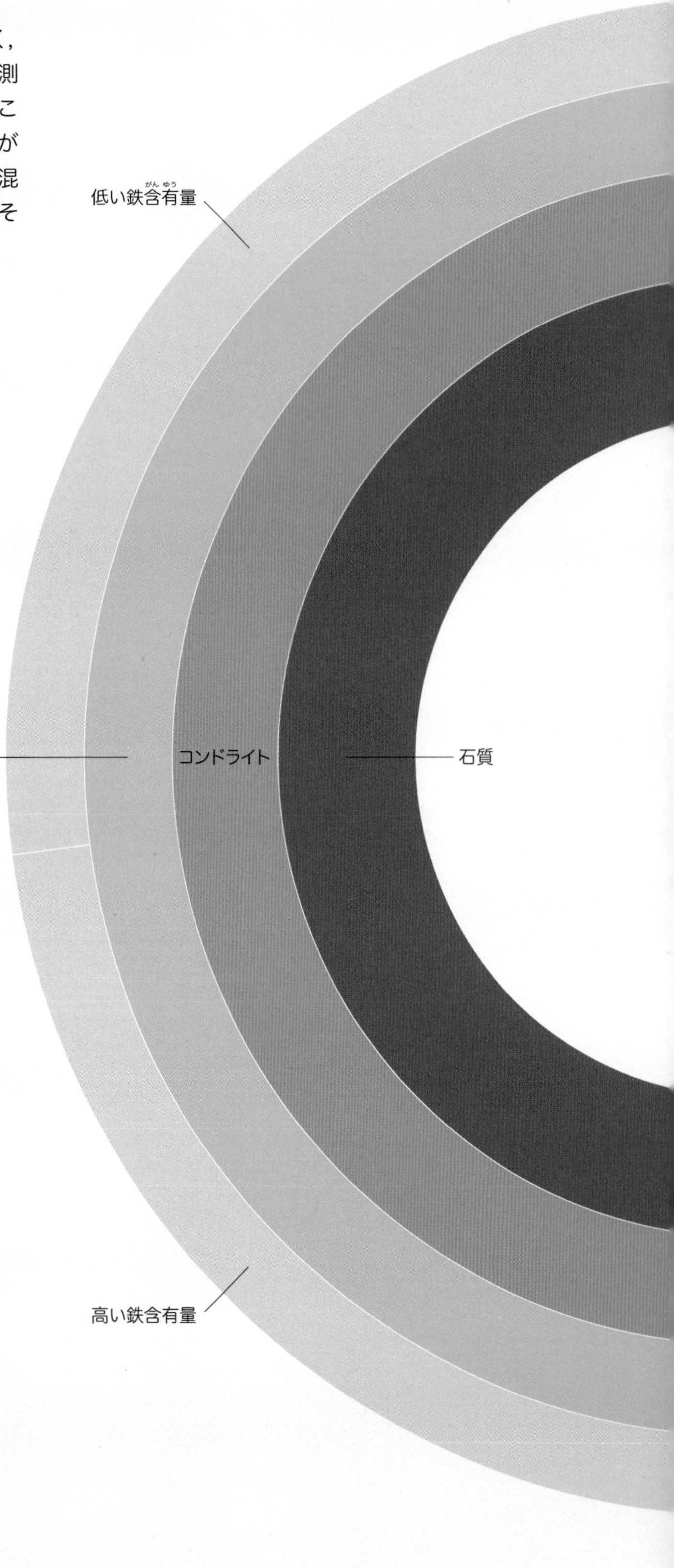

低い鉄含有量

石質隕石
ほとんどの隕石は，石でできている．含まれている物質や鉱物は地殻と似ているが，鉄のような金属を少量含んでいるのがふつうである．

普通コンドライト ── コンドライト ── 石質

コンドライト
コンドライトは石質の隕石で，特定の鉱物でできた小さな球状の含有物がある．ほんの少ししか熱を受けておらず，太陽系が誕生してからあまり変化していないことを意味する．最も始原的なものは炭素質コンドライトである．

高い鉄含有量

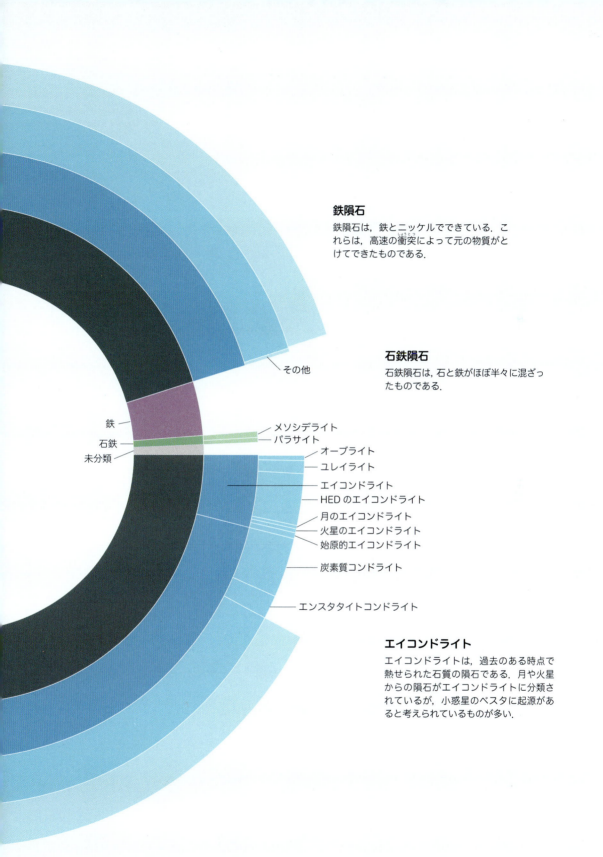

鉄隕石

鉄隕石は，鉄とニッケルでできている．これらは，高速の衝突によって元の物質がとけてできたものである．

石鉄隕石

石鉄隕石は，石と鉄がほぼ半々に混ざったものである．

エイコンドライト

エイコンドライトは，過去のある時点で熱せられた石質の隕石である．月や火星からの隕石がエイコンドライトに分類されているが，小惑星のベスタに起源があると考えられているものが多い．

彗星

彗星は，昔は悪いことが起こる前兆とも考えられていたが，現在では，彗星が氷と岩石でできた小さな天体で，太陽のまわりを細長い軌道で回っていることがわかっている．彗星は尾で有名だが，実際はそのほとんどの時間を太陽系の外側で過ごし，尾は出ていない．彗星が太陽に向かって太陽系の内側へ入ってくると，温度が上昇する．すると表面の層が昇華して中心核から噴き出していき，大きな尾を形成することになる．彗星にはダストの尾とイオンの尾の2種類の尾がある．

2015年の時点で，探査機が訪れた彗星は6つになった．2014年には，ESA（欧州宇宙機関）の探査機ロゼッタが67P／チュリュモフ・ゲラシメンコ彗星に到着した．フィラエ着陸機を降ろし，初めて彗星への軟着陸に成功した．

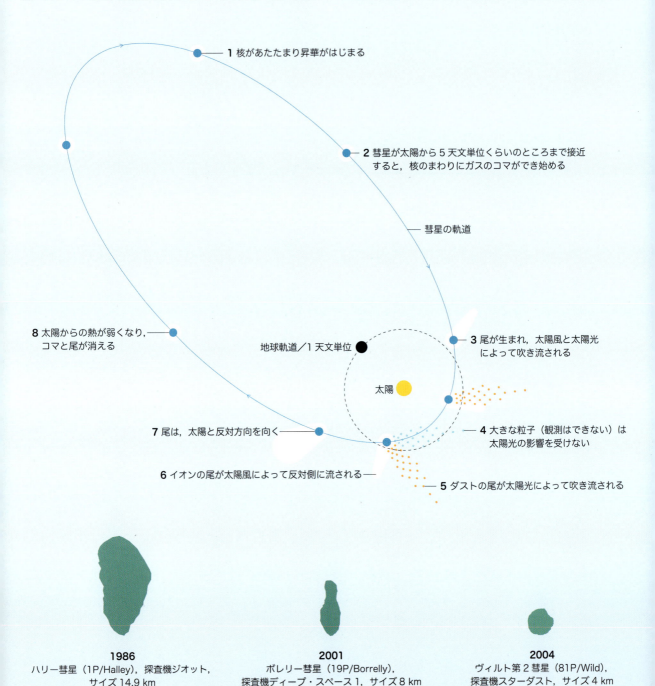

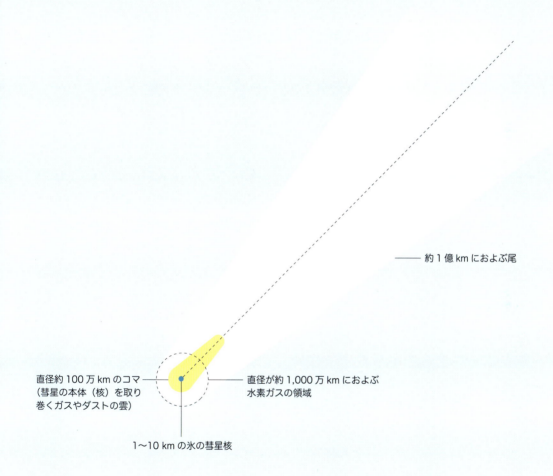

──── 約 1 億 km におよぶ尾

直径約 100 万 km のコマ ─┐
（彗星の本体（核）を取り
巻くガスやダストの雲）

├── 直径が約 1,000 万 km におよぶ
│   水素ガスの領域

1〜10 km の氷の彗星核

2005
テンペル第 1 彗星（9P/Tempel），
探査機ディープ・インパクト，サイズ 7.6 km

2010
ハートリー第 2 彗星（103P/Hartley），
探査機エポキシ，サイズ 1.6 km

2014
チュリュモフ・ゲラシメンコ彗星
（67P/Churyumov-Gerasimenko），
探査機ロゼッタ，サイズ 4.3 km

いろいろな彗星

彗星は，太陽系の内側の領域に入ってきたときだけ見ることができる．しかし，彗星はずっと遠いところからやってくる．彗星は，軌道によっていくつかのグループに分けることができる．

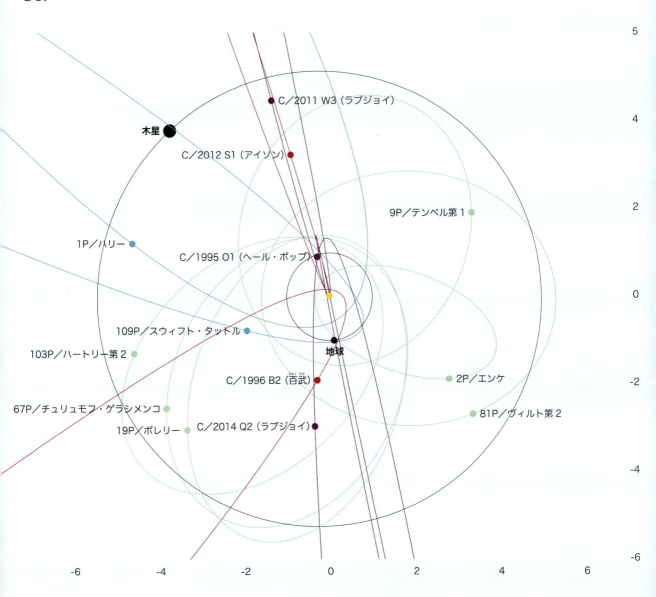

● **短周期彗星**
公転周期が 200 年未満の彗星を短周期彗星とよぶ．ほとんどの期間にわたってカイパーベルトの内側に存在している．ハリー彗星（1P/Halley）のようないくつかの彗星は，軌道が傾いており，オールトの雲に起源があると考えられている（訳注：オールトの雲…長周期彗星となる天体が存在していると考えられている領域．太陽から 10 万天文単位くらいの距離まで広がっていると考えられている．ただし，直接観測されたことはない．オランダの天文学者ヤン・オールトによって提唱されたものである）．

● **木星族彗星**
木星族彗星は，公転周期が 20 年未満で，惑星と同じ軌道面付近で公転している短周期彗星である．これらはカイパーベルトで生まれたと考えられているが，木星型惑星のような大きな惑星に非常に接近したあと太陽系の内側に移動してきたものである．木星族彗星では，軌道上で太陽から一番遠いところが木星の軌道付近にある．

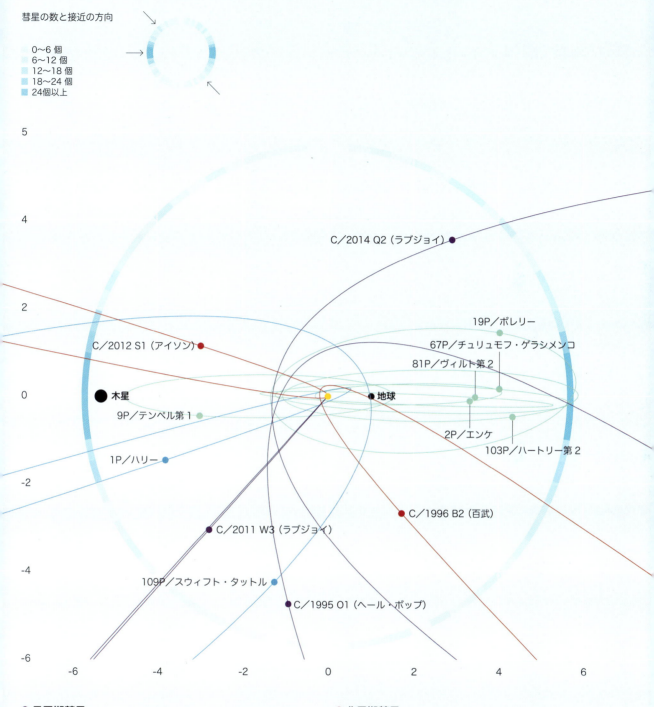

● **長周期彗星**

長周期彗星は，その公転周期が200年を超えているもので，典型的には何千年にもなる．オールトの雲にその起源があり，太陽系の内側の領域まで分布している．「サングレーザー」とよばれる彗星は，C/2011 W3（ラブジョイ彗星）のように太陽に非常に接近する彗星である．ほとんどは，何千年も前に大きな彗星が太陽に非常に接近して分裂したものであると考えられている．

● **非周期彗星**

非周期彗星は，公転周期が非常に長いため太陽系の内側の領域に戻ってくるかどうかわからないような彗星，あるいは，何百万年も戻ってこないような彗星のことである．太陽の引力圏から完全に飛び出してしまう場合もある．C/2012 S1（アイソン彗星）は，2013年の終わりごろ，太陽系の内側の領域に初めてやってきた．アイソン彗星は，太陽に非常に接近したサングレーザーで，太陽に接近したときにバラバラになってしまい，ガスとダストの雲が残った．

コメット・ハンター

彗星（コメット）という言葉は，ギリシャ語の "kometes"（「長い髪の毛をもった」という意味の語）からきており，大昔から知られている．何世紀もの間，彗星は光が屈折して見えるものだとか，大気中の水蒸気のようなものだとか，星が連なったものではないかといわれてきた．現在では，彗星が太陽のまわりを回っていること，そしてその多くが周期的であることがわかっている．

望遠鏡の発明によって，彗星の発見が飛躍的に増えた．カロライン・ハーシェル（Caroline Herschel）は初期のころの彗星発見家の1人で，注目すべき8つの彗星を発見した．ジャン＝ルイス・ポンス（Jean-Louis Pons）は37個の彗星を発見し，単独で発見した個数としては長らく記録が破られることはなかった．この数は，カロラインとユージン・シューメイカー（Eugene Shoemaker）の2人が1980年代と90年代に発見した個数とほぼ等しい．この2人は，1994年に木星に衝突したシューメイカー・レビー第9彗星を発見した．21世紀になると，ロバート・H・マックノート（Robert H. McNaught）が記録をぬりかえて，彼の名前がついた82個の彗星を発見した．

21世紀は地上や宇宙でのプロジェクトがいろいろと立ち上がり，それらの観測の副産物として彗星がよく発見されるようになった．最も注目すべきものは，ESA（欧州宇宙機関）とNASA（米国航空宇宙局）の共同ミッションで太陽を観測する衛星ソーホー（SOHO）による観測である．アマチュアやプロのコメットハンター（彗星捜索家）が画像をくまなく探したことにより，ソーホーの観測から2,800個もの彗星が見つかった．この方法でおそらく最もたくさんの彗星を発見したのは，英国のアマチュア天文家マイク・オアテス（Mike Oates）であり，144個の彗星を発見した．

発見方法と現在までの発見数
- 人間
- ロボットサーベイ
- 探査機

Name	Count
アイラス (IRAS)	6
E·クリンカーフュース (E. Klinkerfues)	6
S·コジック (S. Kozik)	2
マウント·レモン (Lemmon)	17
D·マックホルツ (D. Machholz)	10
C·メシエ (C. Messier)	12
村上茂樹 (S. Murakami)	2
パロマー天文台 (Palomar)	2
E·ピーターソン (E. Peterson)	2
B·P·ローマン (B.P. Roman)	5
ステレオ (STEREO)	14
H·E·シュースター (H.E. Schuster)	2
E·ジューメーカー (E. Shoemaker)	32
スイフト (Swift)	14
D·ドトイト (D. du Toit)	7
Y·バイサラ (Y. Väisälä)	4
F·L·ホイップル (F.L. Whipple)	6
谷中哲雄 (T. Yanaka)	2
池谷 薫 (K. Ikeya)	10
D·クリンケンベルグ (D. Klinkenberg)	2
R·コワルスキ (R. Kowalski)	9
K·ローレンス (K. Lawrence)	6
T·ラブジョイ (T. Lovejoy)	3
J·E·メリッシュ (J.E. Mellish)	6
J·ミュラー (J. Mueller)	15
L·パイドゥシャーコヴァー (L. Pajdušáková)	5
C·ピーターズ (C. Peters)	5
L·レスピーギ (L. Respighi)	3
ソルウィンド (SOLWIND)	19
A·ショーマス (A. Schaumasse)	3
C·S·シューメーカー (C.S. Shoemaker)	32
鈴木雅之 (M. Suzuki)	2
J·ティルブルック (J. Tilbrook)	2
宇都宮章吾 (S. Utsunomiya)	3
R·M·ウェスト (R.M. West)	3
M·ボルフ (M. Wolf)	2
D·ヒューズ (D. Hughes)	2
M·イェーガー (M. Jäger)	2
C·T·コワル (C.T. Kowal)	6
K·コルレビッチ (K. Korlevic)	2
C·I·ローゲルクビスト (C.I. Lagerkvist)	3
ロネオス (LONEOS)	20
P·メシャン (P. Méchain)	7
森 敬明 (H. Mori)	3
H·W·M·オルバース (H.W.M. Olbers)	2
R·マイヤー (R. Meier)	4
A·ムルコス (A. Mrkos)	12
L·オテルマ (L. Oterma)	4
C·D·パーライン (C.D. Perrine)	9
K·W·ラインムート (K.W. Reinmuth)	3
ソーラー·マックス衛星 (SMM)	20
ソーホー (SOHO)	2,842
J·M·シェバリー (J.M. Schaeberle)	3
関 勉 (T. Seki)	9
P·シャイン (P. Shajn)	2
T·B·スパール (T.B. Spahr)	2
スペースウォッチ (Spacewatch)	29
タナグラ (Tenagra)	6
R·タッカー (R. Tucker)	2
A·A·バハマン (A.A. Wachmann)	4
F·G·ワトソン (F.G. Watson)	2
F·A·T·ヴィネッケ (F.A.T. Winnecke)	10
C·A·ヴィルタネン (C.A. Wirtanen)	5
本田 實 (M. Honda)	12
C·ジューエルス (C. Juels)	2
A·コプフ (A. Kopff)	2
リニア (LINEAR)	222
J·モンタニ (J. Montani)	4
G·ネウイミン (G. Neujmin)	7
L·ペルチェ (L. Peltier)	12
W·リード (W. Reid)	6
K·リュムカー (K. Rümker)	2
佐藤安男 (Y. Sato)	4
J·V·スカティ (J.V. Scotti)	10
C·D·スローター (C.D. Slaughter)	2
W·テンペル (W. Tempel)	12
A·F·トゥビオーロ (A.F. Tubbiolo)	2
ワイズ (WISE)	18
A·G·ウィルソン (A.G. Wilson)	7
P·R·ホルボルセン (P.R. Holvorcem)	5
A·F·A·L·ジョーンズ (A.F.A.L. Jones)	3
小島信久 (N. Kojima)	2
ラ·サグラ (La Sagra)	8
E·リエ (E. Liais)	2
R·H·マックノート (R.H. McNaught)	82
J·モンテーニュ (J. Montaigne)	2
中村祐二·正光 (Y & M. Nakamura)	2
J·パラスケヴォプロス (J. Paraskevopoulos)	2
M·リード (M. Read)	2
K·S·ラッセル (K.S. Russell)	13
A·サンデージ (A. Sandage)	2
K·G·シュヴァイツァー (K.G. Schweizer)	4
J·F·シェレルプ (J.F. Skjellerup)	5
高見沢今朝雄 (M. Takamizawa)	5
紫金山 (Tsuchinshan)	3
F·デ·ヴィコ (F. de Vico)	6
A·ビルク (A. Wilk)	4
H·E·ホルト (H.E. Holt)	6
E·ジョンソン (E. Johnson)	4
L·コホーテク (L. Kohoutek)	5
串田嘉男 (Y. Kushida)	2
W·リ (W. Li)	2
R·S·マクミラン (R.S. McMillan)	2
M·ミッチェル (M. Mitchell)	2
NEOワイズ (NEOWISE)	3
パンスターズ (PANSTARRS)	55
F·ケニセー (F. Quénisset)	2
M·ルデンコ (M. Rudenko)	3
三枝義一 (Y. Saigusa)	2
F·K·A·シュヴァスマン (F.K.A. Schwassmann)	4
B·A·スキップ (B.A. Skiff)	16
多胡昭彦 (A. Tago)	3
K·トリトン (K. Tritton)	2
M·E·ファン·ネス (M.E. Van Ness)	4
P·ワイルド (P. Wild)	7
E·ホームズ (E. Holmes)	2
C·ジャクソン (C. Jackson)	3
小林徹·隆男 (T & T. Kobayashi)	2
L·クレサーク (L. Kresák)	2
D·H·レヴィ (D.H. Levy)	22
A·モーリー (A. Maury)	2
J·H·メトカーフ (J.H. Metcalf)	5
ニート (NEAT)	54
J·L·ポンス (J.L. Pons)	37
D·ロス (D. Ross)	2
SWAN (SOHO搭載カメラ)	10
M·シュワルツ (M. Schwartz)	3
サイディングスプリング (Siding Spring)	13
V·タブール (V. Tabur)	3
C·トレス (C. Torres)	3
G·ファン·ビースブルック (G. Van Biesbroeck)	3
G·L·ホワイト (G.L. White)	2

カイパーベルト

1992年，天文学者たちは海王星の軌道のさらに遠方に小さな天体を発見した．1992 QB1 とよばれたこの天体は，現在では，冥王星も含めてカイパーベルトにある 1,000 個ほどの天体の1つである．2005年に発見されたエリス（のちに準惑星に分類）によって，太陽系の外側の領域で冥王星だけが大きな天体であるわけではないことが認識された．ほとんどの天体は，円というよりは楕円形の軌道上を動いており，公転するにつれて太陽からの距離が変わる．

冥王星／平面図

カイパーベルトの天体は，その軌道が太陽系の8つの惑星の軌道に対して傾いていることが多い．そのために，太陽に近づいたり離れたりするのに加えて，惑星の軌道面から上方や下方に離れる．

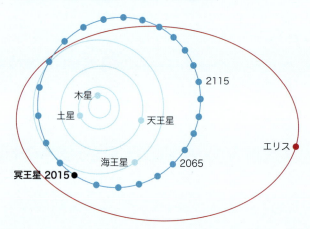

冥王星／立面図

カイパーベルトにある天体のほとんどは，海王星の外側を公転しており，海王星の軌道と交差することはない（冥王星は例外）．これらの天体は，一番最初に発見された 1992 QB1（読み：キュー・ビー・ワン）にちなんで，「キュビワノ」とよばれている．海王星と共鳴関係（公転周期が簡単な整数比になる関係）にある天体のグループがいくつかある．「冥王星族」とよばれるものは，冥王星と同様に，海王星が太陽のまわりを3周する間にちょうど2周する．トゥーティノ族は，海王星が太陽のまわりを2周する間にちょうど1周する．

軌道が非常に不規則な天体もあるが，これらは木星や海王星などの外惑星（木星から海王星までの惑星）の引力の影響によるものと考えられている．これらの天体は，散乱円盤天体とよばれている．

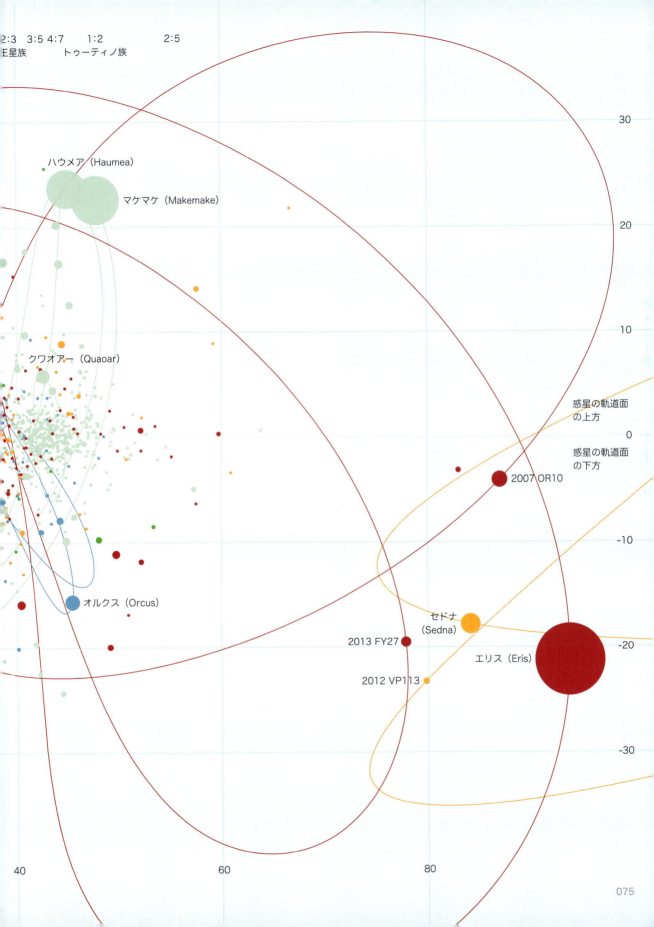

ハイジャンプ

もしあなたが，地球上で 50 cm の高さまでジャンプできるとしたら，月や木星，小惑星ではどのくらいの高さまで飛び上がることができるだろうか？　それは，天体の質量と大きさによる．天体が小さすぎて軽すぎると，飛び上がったら最後，二度と戻ってくることはない．

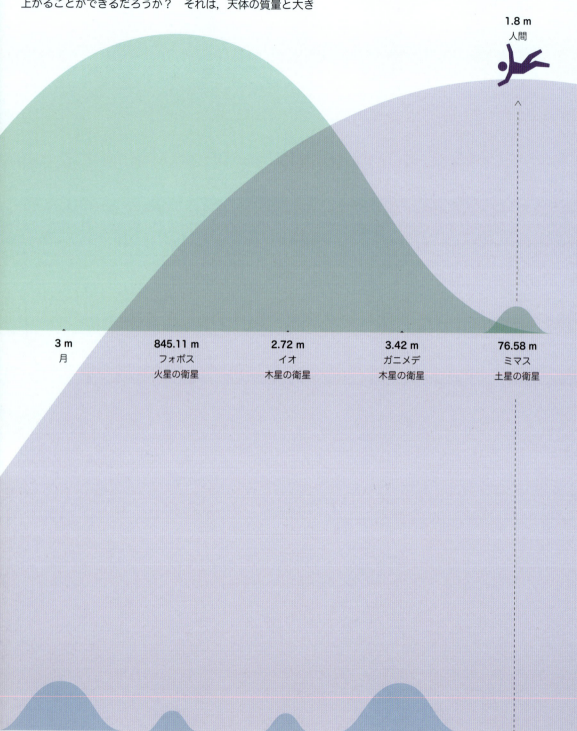

1.8 m
人間

3 m
月

845.11 m
フォボス
火星の衛星

2.72 m
イオ
木星の衛星

3.42 m
ガニメデ
木星の衛星

76.58 m
ミマス
土星の衛星

43.05 m
エンケラドス
土星の衛星

1.32 m
水星

0.55 m
金星

0.50 m
地球

1.32 m
火星

17.49 m
ケレス

0.20 m
木星

2章／太陽系

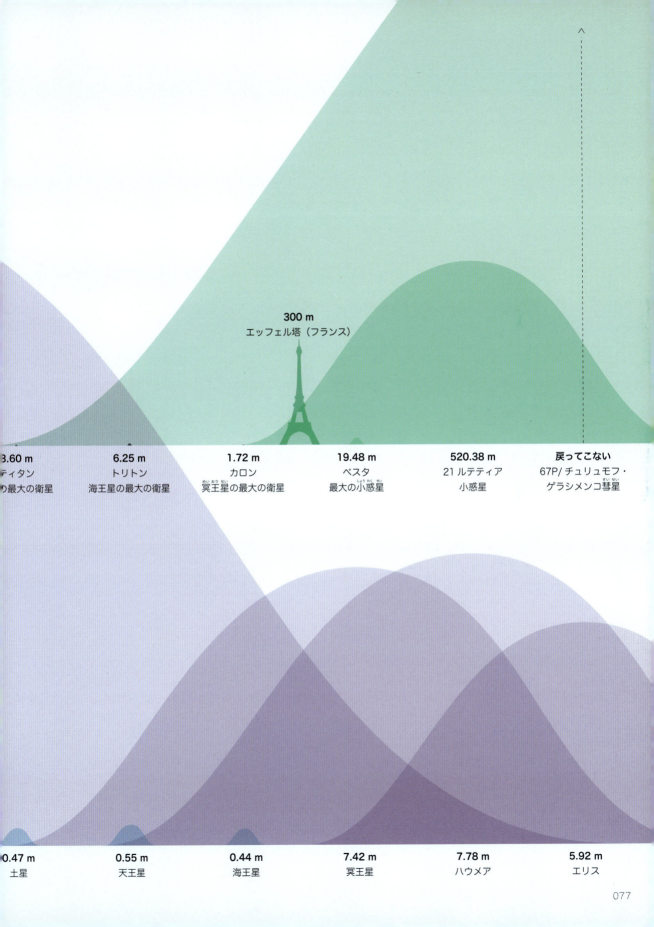

太陽系の年表

太陽系の年齢は，最初に凝固した物質を含む隕石からの情報で，かなり正確に知ることができる．誕生してから，いろいろなことが起こった……．

⌇ 氷河時代　⌇ 天文学　⌇ 地質学　⌇ 生命　☠ 大絶滅

A　45億6,800万年前／小惑星と彗星の誕生
B　44億年前／土星の環の形成
　　44億年前／地球上で最も古い鉱物
C　41億年前／原始生命の誕生
D　40億年前／地球上で最も古い岩石
E　36億年前／最初の単純な単細胞生物・微化石
F　23億年前／地球大気に酸素が発生
G　21億年前／最初の光合成

45億6,800万年前〜45億6,400万年前／大惑星の形成
45億6,800万年前〜45億5,800万年前／地球型惑星の形成
45億6,300万年前〜45億5,300万年前／ガスとダスト円盤が消滅
45億6,800万年前〜40億年前／冥王代
45億800万年前〜44億7,800万年前／月の形成

45億年前

43億年前〜41億年前／月の巨大盆地の形成

40億年前〜25億年前／始生代
35億年前
37億6,800万年前〜36億6,800万年前／天王星と海王星が入れかわる

30億年前

15億年前

H
10億年前

4億2,000万年前〜3億7,000万年前／シダ植物と種子植物の出現
I
3億7,000万年前〜3億2,500万年前／脊椎動物が初めて上陸
3億2,500万年前〜3億年前／最初のは虫類，石炭の森，過去最高の酸素濃
☠ 種の70%

L・☠
2億年前〜6,600万年前／恐竜が世界を制する
種の70〜75%
1億年前

5,600万年前〜3,500万年前／海底の藻類により大気中の二酸化炭素濃度が下がる　　6,600万年前〜5,700万年前／最初の大型ほ乳類&霊長類
5,000万年前
☠ 種の75%
M
4,000万年

5,000万年後〜6,000万年後／カナディアンロッキーが浸食される
T　S　R　Q　P　O　N
1億年後　　　現在　　260万年前〜現在／現在の氷河時代
U
2億5,000万年後
V
5億年後
20億年後
25億年後

40億年後〜50億年後／アンドロメダ銀河と天の川銀河が合体して「ミルコメダ（Milkomeda）」を形成，12%の確率で太陽がミルコメダから放出される
40億年後
45億年後
65億年後
60億年後

H 10億年前／最初の単純な多細胞の化石
I 4億6,500万年前／最初の緑色植物と菌類
J 3億年前／パンゲア超大陸の形成
K 2億5,000万年前／最初の恐竜・ワニ・ほ乳類
L 2億年前／パンゲア大陸がゴンドワナ大陸とローラシア大陸に分裂
M 5,000年前／ヒマラヤ山脈の形成開始
N 800万年前／ゴリラからの分化
O 400万年前／チンパンジーからの分化

P 230万年前／最初の人類
Q 140万年前／ホモ・エレクトスの出現
R 20万年前／ホモ・サピエンスの出現
S 5,000万年後／フォボスが火星表面に衝突するかバラバラになってリングとなる
T 8,000万年後／ハワイ諸島の中ハワイ島が海の下に沈む
U 2億5,000万年後／別の超大陸が形成
V 6億年後／月が地球から遠ざかり皆既日食が起こらなくなる
W 35億年後／地球の大気が現在の金星の大気のようになる

44億6,800万年前〜40億6,800万年前／木星と土星が軌道共鳴状態になる
43億6,800万年前〜42億6,800万年前／星団が散りぢりになる
40億6,800万年前〜38億6,800万年前／後期重爆撃期
28億年前〜25億年前／地球のプレートの安定化
25億年前〜21億年前／氷河時代
25億年前〜5億4,000万年前／原生代
0億年前
20億年前
8億4,000万年前〜6億3,000万年前／氷河時代
5億4,000万年前〜現在／顕生代
4億4,500万年前〜4億2,000万年前／顎をもつ脊椎動物（顎口類）の出現
4億6,000万年前〜4億2,000万年前／氷河時代
5億年前
種の60〜70%
3億6,000万年前〜2億6,000万年前／氷河時代
5億4,000万年前〜4億8,500万年前／カンブリア大爆発
2億5,000万年前／種の90〜96%
7,500万年前
3,400万年前〜2,300万年前／ほ乳類の急速な進化
3,000万年前
2,300万年前〜700万年前／広範囲の森林により大気中の二酸化炭素濃度が下がる
2,000万年前
10億年後
10億年後〜20億年後／太陽のエネルギー放出増加により海が沸とうする
15億年後
30億年後
W
35億年後
50億年後
54億2,000万年後〜77億2,000万年後／太陽が赤色巨星となり地球をのみ込む
55億年後
75億年後

079

旅行に必要な時間

太陽系を旅行するには，どのくらいの時間がかかるだろうか？もちろん，どのくらいの速さで移動するかによる．もし月まで車でドライブできるとしたら，時速 100 km で半年くらいかかるが，光の速度で移動できれば，1 秒ちょっとでたどり着ける．

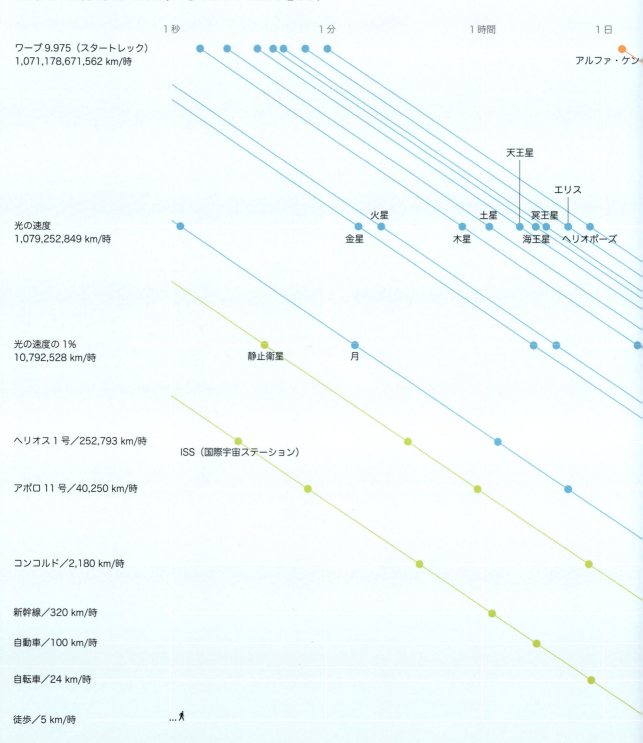

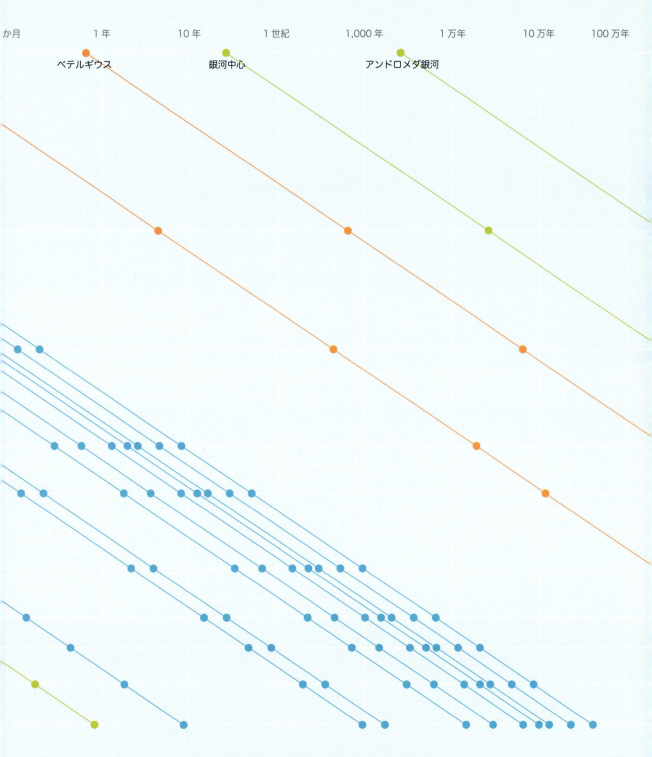

3章／望遠鏡

光学望遠鏡――サイズが大事

どのような望遠鏡でも，基本的な働きは次の2つだ．1つ目は，レンズでも鏡でも，そこに入ってきた光を集めるということ．2つ目は，その光をカメラやフィルム，アイピース（接眼レンズ），あるいは何らかの検出器に結像させることである．これには多数の手法があり，レンズや鏡を追加することでさまざまなタイプの望遠鏡がつくられている．しかし，この2つの働きは，17世紀初頭に最初の望遠鏡がつくられたときから変わっていない．この4世紀にわたって行われてきた改良のポイントは，いかにレンズや鏡を大きくするかということであった．

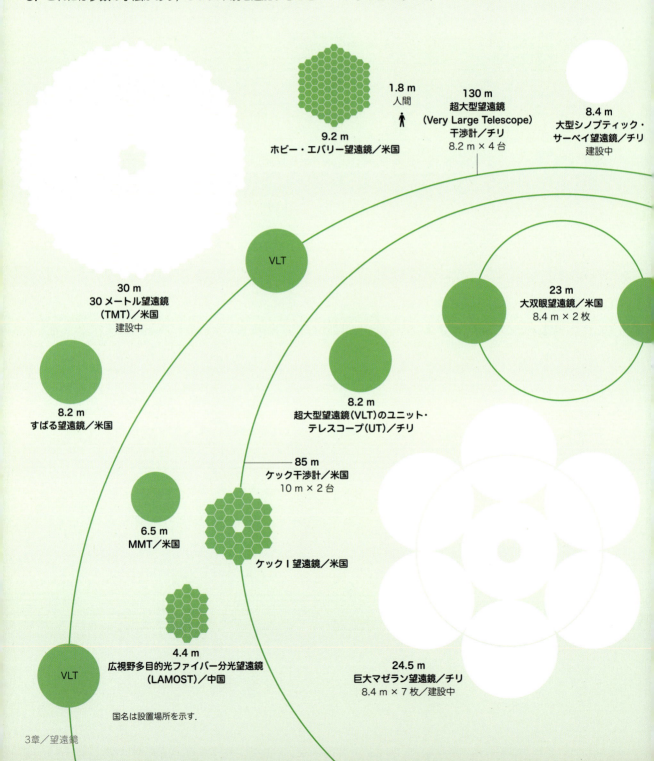

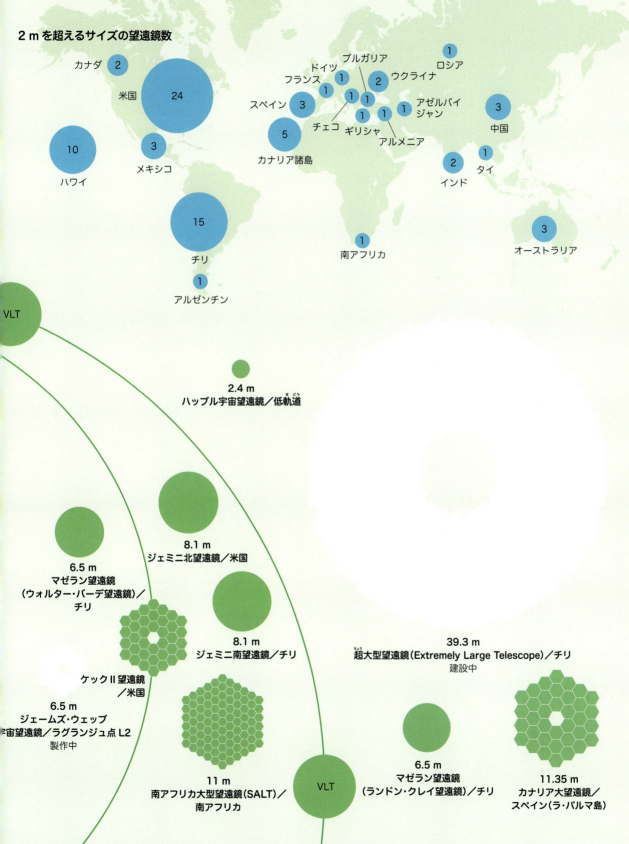

大気の窓

夜空は星で満ちているように見えるが，私たちの目では，すべての光のうちほんのわずかの部分しか見えていない．より短い，あるいはより長い波長の電磁波を検出する望遠鏡を使うことで，非常に広い範囲の天体や物理現象が見えるようになる．地球大気はほとんどの電磁波をさえぎっており，地上まで届く電磁波は，ある特定の波長の「窓」を通過してきたものだけだ．よりよく見るためには，望遠鏡を山の頂上に設置するか，飛行機で上空までもっていくか，気球でさらに上

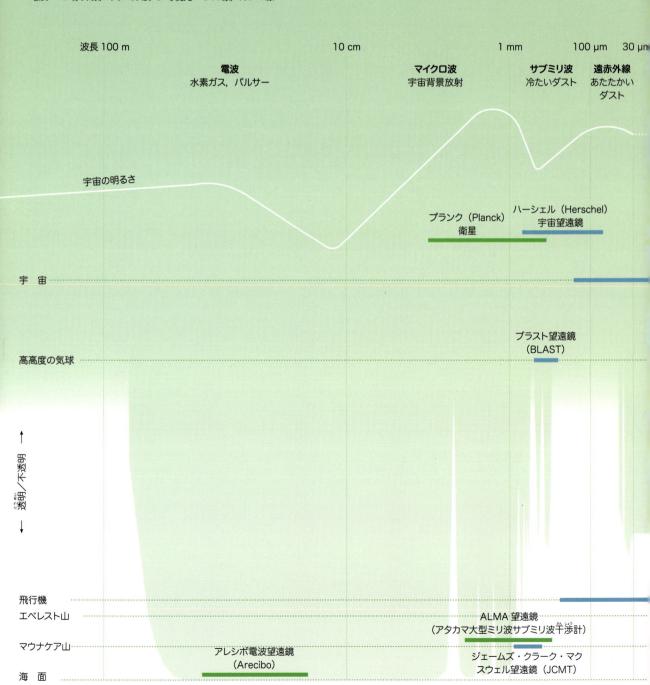

空まで上げるか，さらには宇宙空間に打ち上げる必要がある．

| 30 μm | 7 μm | 800 nm | 400 nm | | 10 nm | | 0.1 nm | | 0.001 nm |

中間赤外線
熱いダスト

近赤外線
低温度星

可視光線
恒星

紫外線
高温の若い恒星

X線
連星のまわりの熱いガス，ブラックホールと超新星

ガンマ線
超新星，極超新星

ジェームズ・ウェッブ宇宙望遠鏡
（JWST，計画中）

スピッツァー（Spitzer）
宇宙望遠鏡

ハッブル（Hubble）
宇宙望遠鏡

チャンドラ（Chandra）
X線観測衛星

フェルミ（Fermi）
ガンマ線宇宙望遠鏡

SOFIA（遠赤外線天文学成層圏天文台）

ケック（Keck）望遠鏡

空の限界

どれほど大きな望遠鏡でも,雲を通して観測することはできない.そのため,ほとんどの大望遠鏡はできる限り高いところ,つまり雲の上に建設されている.それでも,望遠鏡が直面する最も大きな障害物は,やはり地球自身の大気なのだ.望遠鏡のベストな設置場所は山の頂上であり,したがってヨーロッパや米国では「山頂天文台」となっている.20世紀の後半では,カナリア諸島やハワイのマウナケア,チリのアンデス山脈など,より遠方の場所がかなり利用されるようになった.

- 赤外線/サブミリ波の望遠鏡
- 光学望遠鏡
- 建設中

標高4,000 mを越えてもまだ大気はかなり残っており,多くの最大級の望遠鏡では,できる限り高分解能の画像を得るために補償光学(大気による星像の乱れを取り除く手法)のような技術を導入している.

より長い波長では,大気中の水蒸気が最大の問題で,なるべく標高が高くて乾燥した場所を見つけることが重要となる.そのような条件を満たすベストな場所の例はチリのアタカマ砂漠で,実際,多くの望遠鏡やアルマ望遠鏡がある.少しの差で,2位は南極である.南極は非常に乾燥しているし,厚い氷の層のおかげで標高もかなり高い.

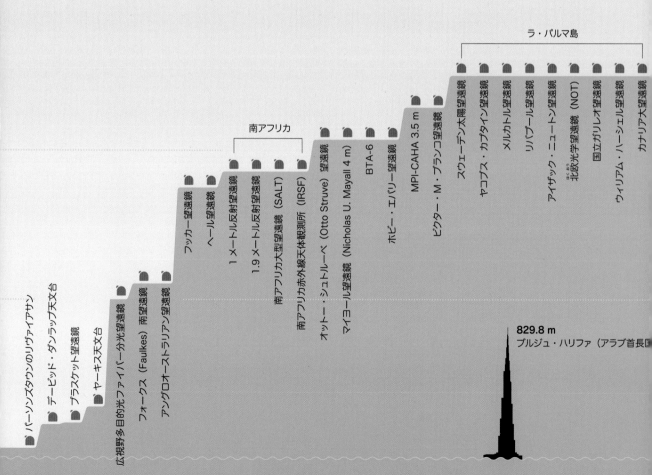

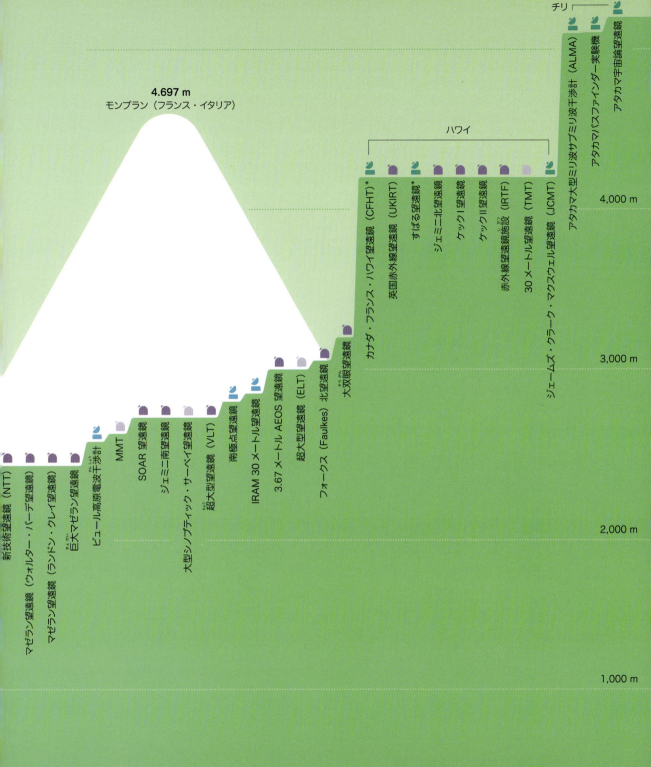

空の限界を超えて

望遠鏡を山頂に設置することが，大気による妨害を避ける唯一の方法というわけではない．より高い場所を目指して，望遠鏡を飛行機に乗せたり，高高度の気球につるしてみたりもした．しかしこれらの方法でも，大気の影響を完全に避けることはできない．唯一の方法は，宇宙空間に出ていくことだ．当然，製作コストはかさむし，壊れてもめったに修理しに行けないが，いまでは人類は多くの望遠鏡を軌道上に打ち上げている．

● 電波　● 赤外線／サブミリ波　● 可視光　● X線／ガンマ線

550 km
フェルミガンマ線宇宙望遠鏡／
地球低軌道

569 km
ハッブル宇宙望遠鏡／
地球低軌道

580 km
科学衛星スウィフト（Swift）／
地球低軌道

10 km　　100 km　　1,000 km　　10,000

650 km
サブミリ波天文衛星 SWAS／
地球低軌道

768 km
コンプトンガンマ線観測衛星／
地球低軌道

13 km
SOFIA（遠赤外線天文学成層圏天文台）／ボーイング747

900 km
赤外線天文衛星 IRAS／
太陽同期軌道

40 km
BLAST／高高度気球

3章／望遠鏡

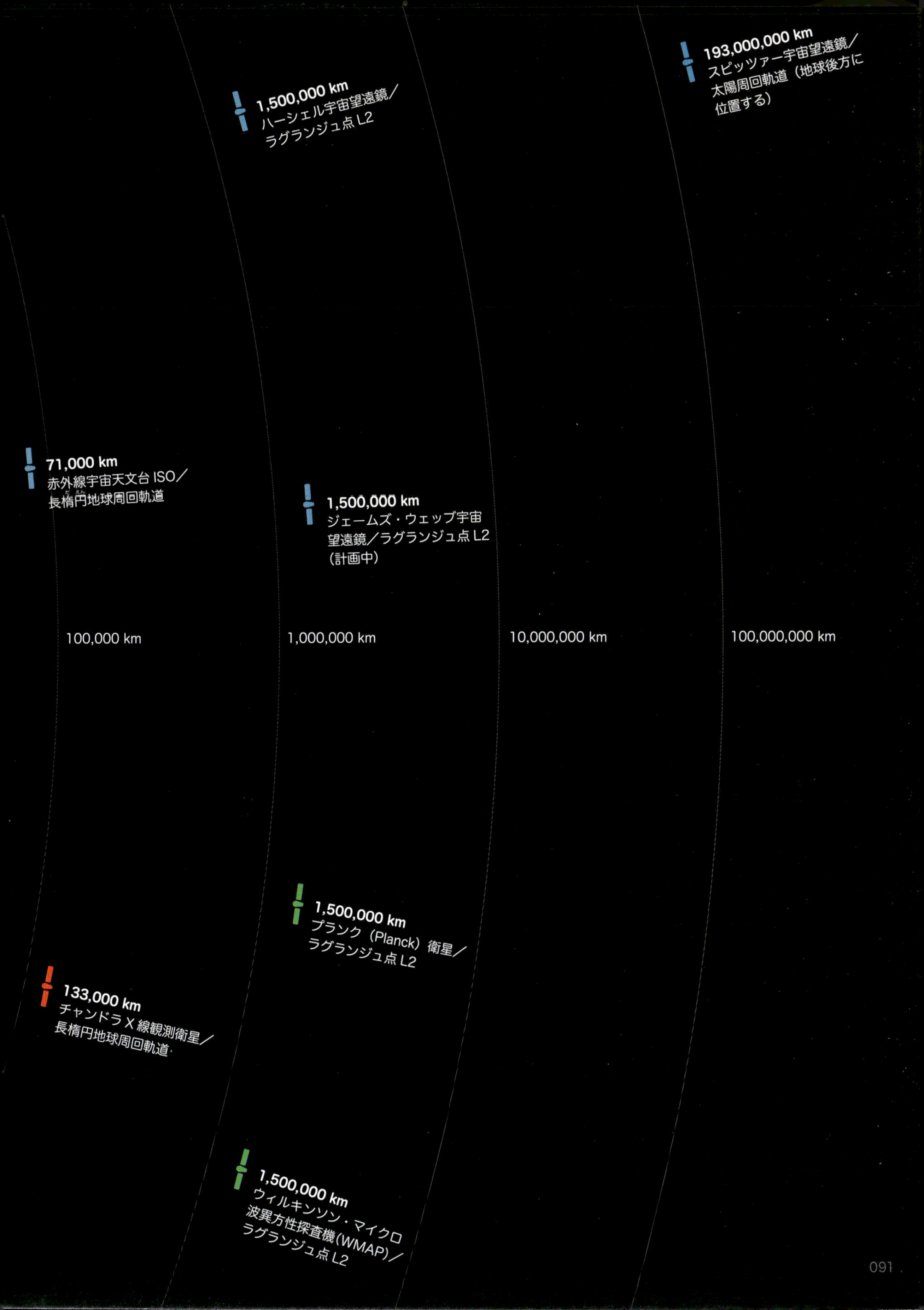

193,000,000 km
スピッツァー宇宙望遠鏡／
太陽周回軌道（地球後方に
位置する）

1,500,000 km
ハーシェル宇宙望遠鏡／
ラグランジュ点 L2

71,000 km
赤外線宇宙天文台 ISO／
長楕円地球周回軌道

1,500,000 km
ジェームズ・ウェッブ宇宙
望遠鏡／ラグランジュ点 L2
（計画中）

100,000 km　　1,000,000 km　　10,000,000 km　　100,000,000 km

1,500,000 km
プランク（Planck）衛星／
ラグランジュ点 L2

133,000 km
チャンドラ X 線観測衛星／
長楕円地球周回軌道

1,500,000 km
ウィルキンソン・マイクロ
波異方性探査機（WMAP）／
ラグランジュ点 L2

電波望遠鏡──もっと大きく

私たちが目で見ている光は，研究に使える電磁波の中のほんの一部にすぎない．20世紀前半，天文学者たちは可視光よりも波長の長い電磁波である電波を集める望遠鏡をつくり始めた．

可視光の望遠鏡とまったく異なるというわけではなく，鏡の役割を果たす大きなお皿のようなものをもつものもある．そして光学望遠鏡と同じで，大きければ大きいほど，かすかな天体をより詳しく調べられるのだ．そのため，つねにもっと大きい電波望遠鏡を求め続けてきた．さらに細部を知るために，多くの電波望遠鏡を集めて，1つの大きな望遠鏡のように使うこともできる．

● VLBA
米国の国立電波天文台によって運用されており，米国の国土の規模である．

● グローバル VLBI
最も高い分解能を得るために，VLBA，EVN，軌道上にある電波望遠鏡がときどきチームを組んで観測を行っている．これは，地球の3倍の大きさの望遠鏡と同等の性能になる．

望遠鏡の大きさ
より大きい望遠鏡ほど，より細かいところまで見ることができる．中国は，500メートル球面電波望遠鏡（FAST）という世界で最も感度の高い望遠鏡を建設しているところである．

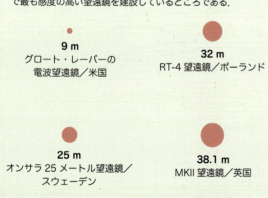

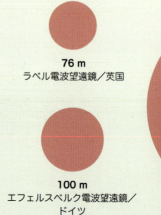
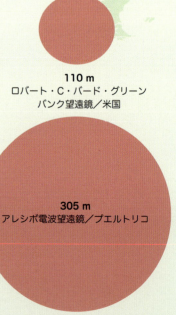
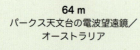

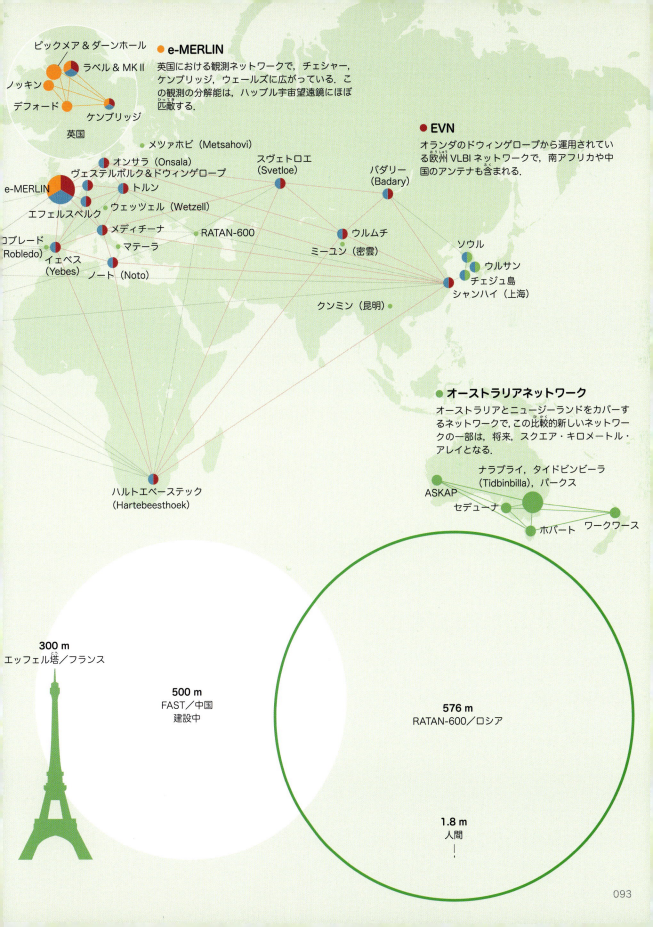

望遠鏡の年表

よりよい写真をとるために，天文学者はつねにより大きい望遠鏡を求め続けてきた．19世紀には，アイルランドの「パーソンズタウンのリヴァイアサン（怪物）」とよばれた望遠鏡で，アンドロメダ銀河の渦巻き腕を初めて確認した．20世紀になると，米国本土，そしてのちにハワイやチリでより大きな望遠鏡がつくられた．

初めての電波望遠鏡は1930年代につくられていたが，最初の大きな電波望遠鏡がつくられたのは宇宙開発競争が始まってからのことだった．1980年代から，電波天文学者たちは望遠鏡の大きなネットワークをリンクさせることで，ついに地球よりも大きな望遠鏡をつくったのだ．

1840年からの望遠鏡の運用期間

↑ 最大の望遠鏡
■ 電波
■ 赤外線／サブミリ波
■ 可視光
□ 計画中
↓ 最小の望遠鏡

✦ 人工衛星搭載

ジャンスキーのメリーゴーランド（回転台の上に乗ったアンテナ）／米国

ヘール望遠鏡／米国 …

フッカー望遠鏡／米国

オットー・シュトルーベ（Otto Struve）望遠鏡／米国 …

パーソンズタウンのリヴァイアサン（怪物）／アイルランド

ヤーキス天文台／米国

国名・地名は望遠鏡の設置場所を示す．

1850　1855　1860　1865　1870　1875　1880　1885　1890　1895　1900　1905　1910　1915　1920　1925　19

3章／望遠鏡

望遠鏡名／所在地
スペースVLBI衛星／地球低軌道
超長基線電波干渉計（VLBA）／北米
e-MERLIN／英国
カール・ジャンスキー超大型干渉電波望遠鏡群／米国
巨大メートル波電波望遠鏡／インド
アタカマ大型ミリ波サブミリ波干渉計（ALMA）／チリ
RATAN-600／ロシア
アレシボ天文台／プエルトリコ
ロバート・C・バード・グリーンバンク望遠鏡／米国
エフェルスベルク電波望遠鏡／ドイツ
300フィート望遠鏡／米国
ラベル電波望遠鏡／英国
パークス天文台／オーストラリア
超大型望遠鏡（ELT）／チリ
30メートル望遠鏡／米国
ジェームズ・クラーク・マクスウェル望遠鏡（JCMT）／米国
カナリア大望遠鏡／ラ・パルマ島
南アフリカ大型望遠鏡（SALT）／南アフリカ
ケックI望遠鏡／米国
グロート・レーバーの電波望遠鏡／米国
大型シノプティック・サーベイ望遠鏡／チリ
すばる望遠鏡／米国
超大型望遠鏡（VLT）／チリ
ジェミニ北望遠鏡／米国
ジェームズ・ウェッブ宇宙望遠鏡／ラグランジュ点L2
ウィリアム・ハーシェル望遠鏡／ラ・パルマ島
アングロオーストラリアン望遠鏡／オーストラリア
英国赤外線望遠鏡（UKIRT）／米国
カナダ・フランス・ハワイ望遠鏡（CFHT）／米国
新技術望遠鏡（NTT）／チリ
ESO 3.6メートル望遠鏡／チリ
ハーシェル宇宙望遠鏡／ラグランジュ点L2
アイザック・ニュートン望遠鏡／ラ・パルマ島
ハッブル宇宙望遠鏡／地球低軌道
フォークス（Faulkes）北望遠鏡／米国
フォークス（Faulkes）南望遠鏡／オーストラリア
プランク（Planck）衛星／ラグランジュ点L2
ウィルキンソン・マイクロ波異方性探査機（WMAP）／ラグランジュ点L2
スピッツァー宇宙望遠鏡／太陽周回軌道（地球後方に位置する）
赤外線天文衛星 IRAS／太陽同期地球周回軌道
赤外線天文衛星（ISO）／長楕円地球周回軌道
COBE衛星／太陽同期地球周回軌道

1940　1945　1950　1955　1960　1965　1970　1975　1980　1985　1990　1995　2000　2005　2010　2015　2020

095

メガピクセル

ここ数十年で，デジタル画像技術は信じられないスピードで進歩しており，天文学はその最前線にある．検出器はふつうのスマートフォンやデジタルカメラと似ているが，非常に感度がよい．カメラの画素数を示す基本的な単位はメガピクセル（100 万ピクセル）である．

初期の天体撮影用カメラはあまり画素数が多くなかったが，最近開発されているものでは，何百万ピクセルのカメラもある．これらのほとんどは地上の望遠鏡に取りつけられているが，例外としてガイア探査機には 9 億 3,800 万ピクセルのカメラがついている．一般的に，惑星間を飛行する探査機のカメラは，画素数が少ない．それは，目的地に着くかなり前に設計・製作されたことに加えて，地球に画像を送るための通信量が限られているためである．

20 メガピクセル
35 ミリフィルム（相当）
非天文観測用

13 メガピクセル
Canon EOS 5D DSLR
非天文観測用

8 メガピクセル
iPhone 6
非天文観測用

1 メガピクセル
初期のデジタルカメラ
非天文観測用

938 メガピクセル　ガイア探査機／天文観測用
126 メガピクセル　スローンデジタルスカイサーベイ／天文観測用
95 メガピクセル　ケプラー宇宙望遠鏡／探査機
80 メガピクセル　シュプリーム・カム（すばる）／天文観測用
36 メガピクセル　LMI（ディスカバリーチャンネル望遠鏡）／天文観測用
17 メガピクセル　広視野カメラ 3（ハッブル宇宙望遠鏡）／天文観測用
8 メガピクセル　広視野カメラ（アイザック・ニュートン望遠鏡）／天文観測用
4 メガピクセル　OSIRIS（ロゼッタ）／探査機
1.9 メガピクセル　MastCam & MAHLI（キュリオシティ）／探査機
1 メガピクセル　LORRI（ニュー・ホライズンズ），MDIS（メッセンジャー）＆ISS（カッシーニ）／探査機

3,200 メガピクセル
ギガカム（大型シノプティック・サーベイ望遠鏡）／天文観測用

1,400 メガピクセル
パンスターズ／天文観測用

938

870 メガピクセル
ハイパーシュープリムカム（超広視野カメラ）／天文観測用

570 メガピクセル
ダークエネルギーカメラ（ビクター M・ブランコ望遠鏡）／天文観測用

340 メガピクセル
メガカム（CFHT，カナダ・フランスハワイ望遠鏡）／天文観測用

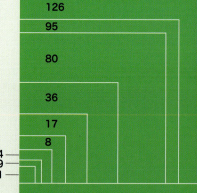

分解能

肉眼では，伸ばした腕の先の針先程度の大きさまで見分けることができる．これは，月面の 111 km の大きさの物体を見分けることに相当する．

大きな望遠鏡ではより細かいものまで見ることができ，このことが天文学に大きな進歩をもたらした．ただし可視光や赤外線の望遠鏡では，地球大気が邪魔になっている．地上に届く光は，大気の流れによってつねにゆがめられているからだ．電波望遠鏡については，そのような障害はない．

それぞれの機器がどのくらい細かいものまで見分けられるかをひと目で比較できるよう，視力検査表のようにまとめた．この表では，月までの距離を仮定した場合，どのくらいの大きさまで見分けられるかを示している．

第 1 列　300 秒角
プランク――マイクロ波衛星
月面で見分けることができる最も小さいスケール＝553 km

第 4 列　144 秒角
フェルミガンマ線宇宙望遠鏡とハッブル・ウルトラ・ディープ・フィールドの画像
月面で見分けることができる最も小さいスケール＝265km

第 7 列　66 秒角
金星の見かけの大きさ（最接近時）
月面で見分けることができる最も小さいスケール＝122 km

第 8 列　60 秒角
肉眼（視力1.0）
月面で見分けることができる最も小さいスケール＝111 km

第 9 列　43 秒角
衝*における土星のリングの見かけの大きさ
月面で見分けることができる最も小さいスケール＝79 km

第11列 25秒角
火星の見かけの大きさ（最接近時）
月面で見分けることができる最も小さい
スケール＝46 km

第15列 9.5秒角
金星の見かけの大きさ（最も遠いとき）
月面で見分けることができる最も小さい
スケール＝18 km

第22列 2秒角
海王星の見かけの大きさ
月面で見分けることができる最も小さい
スケール＝3.7 km

第27列 0.7秒角
土星のリングの中のカッシーニの
間隙の幅
月面で見分けることができる最も
小さいスケール＝1.3 km

第28列 0.5秒角
ケック望遠鏡
月面で見分けることができる最も
小さいスケール＝920 m

第35列 0.1秒角
冥王星の見かけの大きさ
月面で見分けることができる最も
小さいスケール＝184 m

第38列 0.05秒角
ハッブル宇宙望遠鏡で観測されたベテ
ルギウスの見かけの大きさ
月面で見分けることができる最も小さ
いスケール＝92 m

第55列 0.001 秒角
VLT 光学干渉計
月面で見分けることができる最も小さい
スケール＝1.8 m（たとえば人の大きさ）

第13列 18秒角
ハーシェル赤外線天文衛星
月面で見分けることができる最も小さい
スケール＝33 km

第20列 3.5秒角
火星の見かけの大きさ（最も遠いとき）
月面で見分けることができる最も小さい
スケール＝6.4 km

第24列 1.2秒角
90 mm（3.5インチ）の小望遠鏡
月面で見分けることができる最も小さい
スケール＝2.2 km

第25列 1秒角
夜空が暗い場所における大気による光の
ゆらぎ
月面で見分けることができる最も小さい
スケール＝1.8 km

第29列 0.4秒角
標高の高い暗い夜空における大気による
光のゆらぎ
月面で見分けることができる最も小さい
スケール＝735 m

第33列 0.16秒角
JWST 赤外線宇宙望遠鏡
月面で見分けることができる最も小さい
スケール＝295 m

第39列 0.04秒角
e-MERLIN 電波干渉計
月面で見分けることができる最も小さい
スケール＝74 m

第45列 0.01秒角
ケック望遠鏡の理論上の解像度
月面で見分けることができる最も小さい
スケール＝18 m

第63列 0.0015 秒角
EVN 電波干渉計
月面で見分けることができる最も小さい
スケール＝0.3 m

4章／太　陽

太 陽

太陽は地球に最も近い恒星である．巨大なプラズマ（電離した状態のガス）の球体であり，中心では核融合反応が起こっている．地球上のほとんどすべての生命は，太陽が生み出す光と熱のおかげで維持できている．太陽は誕生してから45億6,700万年ほど経っており，これは寿命のちょうど半分くらいになる．

放出される全エネルギー
383,000,000,000,000,000,000,000,000 ワット
（383兆ワットの1兆倍）

質　量
1,989,000,000,000,000,000,000,000,000,000 kg
（198万9,000 kgの1兆倍のさらに1兆倍）＝地球の33万倍

質量損失（電磁波のエネルギーや太陽風として，太陽が失う質量）
1秒あたり約600万トン

極での自転周期　36日

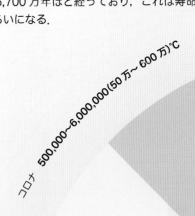

コロナ　500,000〜6,000,000(50万〜600万)℃

表面温度　5,504℃

核　15,500,000(1,550万)℃

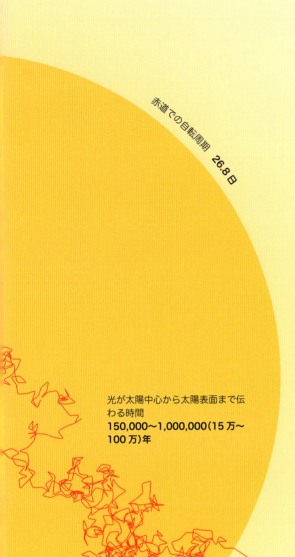

赤道での自転周期 **26.8日**

光が太陽中心から太陽表面まで伝わる時間
150,000〜1,000,000（15万〜100万）年

光が太陽表面から地球まで達するのにかかる時間 **8.3分**

地球

太陽のスペクトル

太陽の光は，虹でよく見られるようなスペクトル（光の色の成分）に分けることができる．19世紀に，この虹を研究していた天文学者たちは，その中に黒い線が見られることに気づいた．1860年，グスタフ・キルヒホッフ（Gustav Kirchoff）とロベルト・ブンゼン（Robert Bunsen）は，それぞれの元素が特定の色のところに，スペクトルの指紋ともいえる黒い線をつくることを発見した．

1868年に太陽のスペクトルを分析していたとき，ジュール・ジャンサン（Jules Janssen）とノーマン・ロッキャー（Norman Lockyear）は，それまで知られていなかった元素を発見した．ペール・テオドール・クレーベ（Per Teodor Cleve）とニルス・アブラハム・ラングレット（Nils Abraham Langlet）がその新しい元素を地球上で見つけたのは，1895年のことだった．その元素は，ギリシャ神話の太陽神の名前ヘリオスにちなんで，ヘリウムと名づけられた．ヘリウムは，太陽の中で，そして宇宙全体でも，2番目に量が多い元素であることが知られている．

水素やヘリウムに加えて，太陽のスペクトルにはさまざまな元素の存在が示されている（さらに，太陽スペクトルには地球の大気中の酸素も示されている）．観測される元素は，太陽の上層大気に存在しているが，そのほとんどは太陽が生まれる前の恒星でつくられたものである．

Ba ／バリウム
Ca ／カルシウム
Cr ／クロム
Fe ／鉄
H ／水素
He ／ヘリウム
Hg ／水銀
Mg ／マグネシウム
Na ／ナトリウム
O ／酸素（地球の大気中の）
Sr ／ストロンチウム
Ti ／チタン

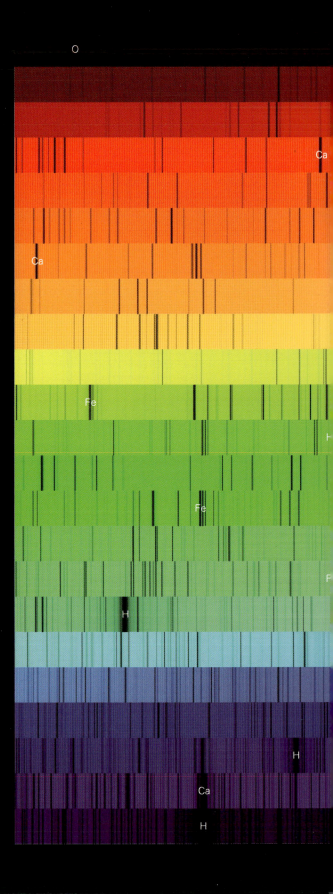

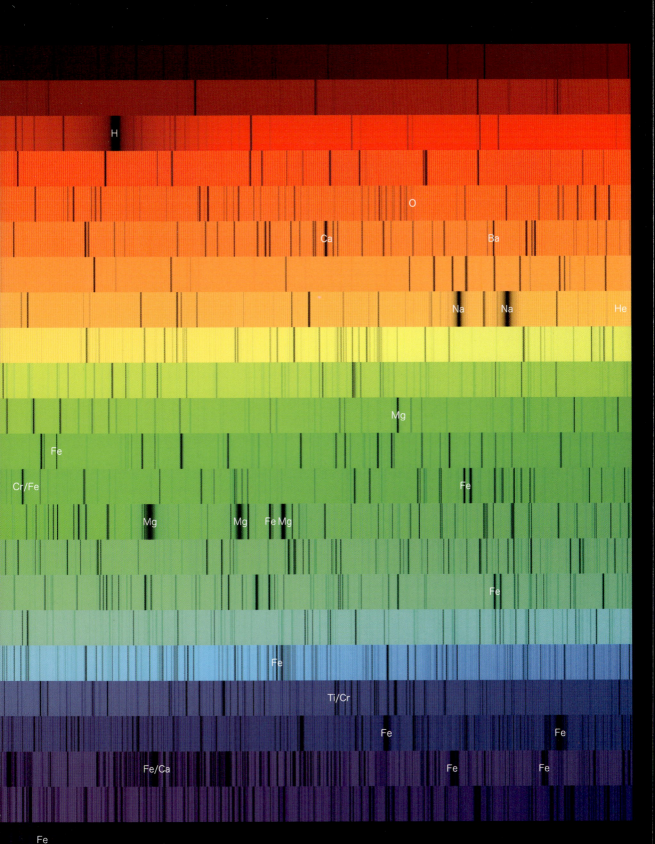

黒　点

太陽の表面には，高温のプラズマと磁場がある．磁場が太陽表面を貫くと，そのまわりよりも温度が少しだけ下がり，光も少し弱くなる．このような暗い部分を黒点とよび，時が経つにつれて移動していく．黒点の総数は，11年周期で変化する．

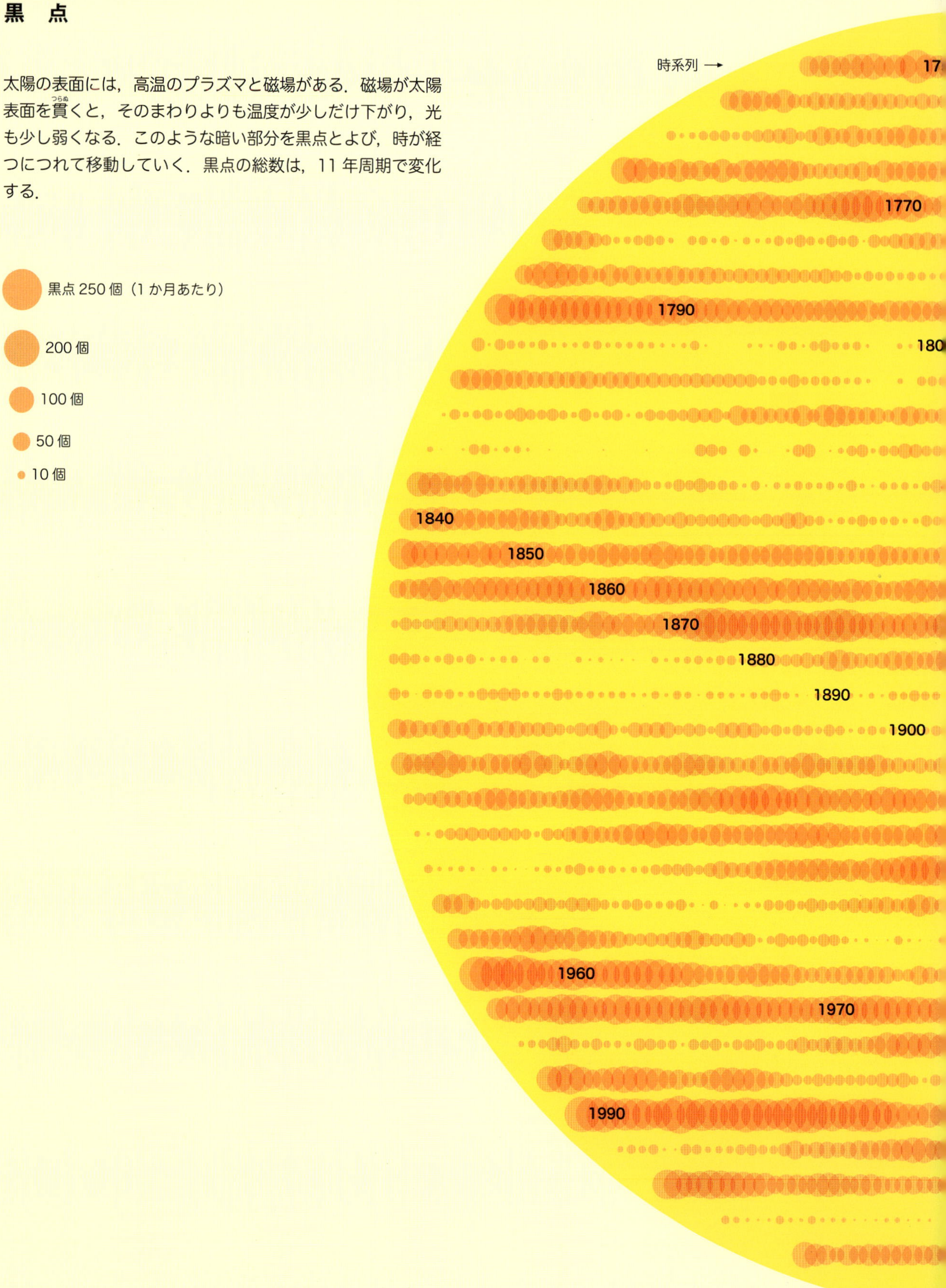

- 黒点 250 個（1 か月あたり）
- 200 個
- 100 個
- 50 個
- 10 個

時系列 →

1770
1790
1800
1840
1850
1860
1870
1880
1890
1900
1960
1970
1990

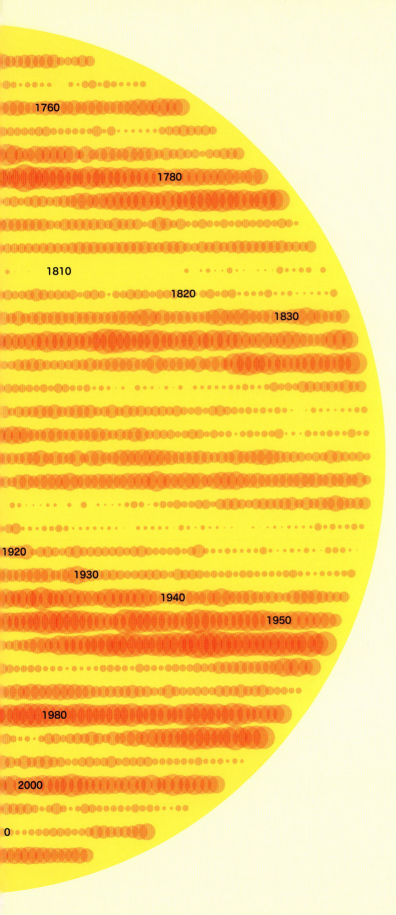

蝶型図

黒点は太陽表面のどこにでも現れるというわけではない．約11年の周期においては，時間が経つにつれて，黒点が誕生する場所はだんだんと太陽の赤道付近に近づいていく．これは，やはり約11年の太陽活動のサイクルと明らかに関係している．

20世紀初めごろ，黒点が磁場に関係した現象であり，太陽磁場がその表面を貫くところに生じるということがわかった．1回のサイクルが終わって次のサイクルになると，磁場の極性が反転する．これは，太陽の磁場が実際には22年周期で変化していることを意味している．

黒点と磁場の関係を念頭に置くと，長年のデータから，磁場のサイクルは何百年にもわたって継続していると推定できる．

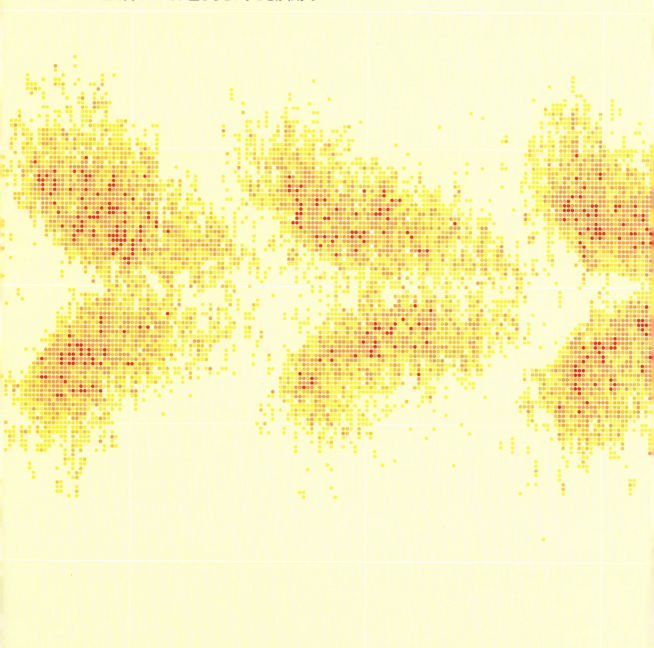

1960　　　　　　　　　　1970　　　　　　　　　　1980

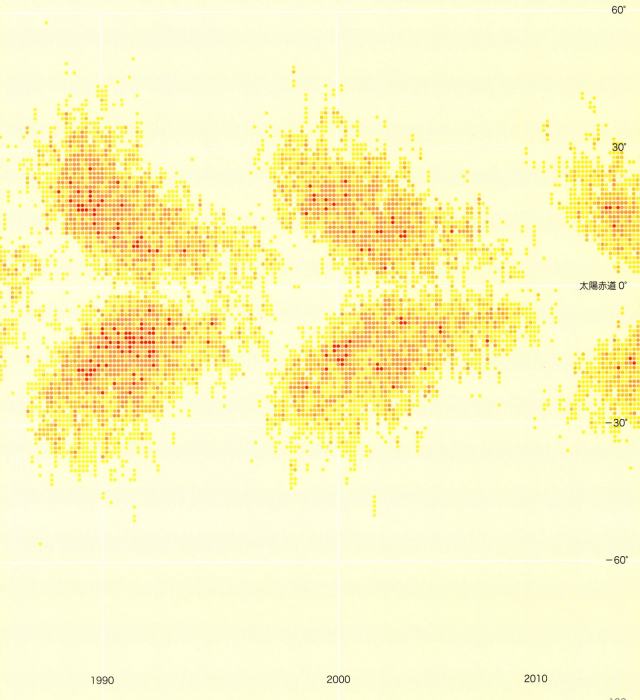

太陽フレア

1970年代の終わりごろから，人工衛星によって太陽表面からの強いフレア（太陽表面での爆発現象）が記録されている．フレアの強さが計測され，A，B，C，M，Xのようにいくつかのクラスに分類されている．クラスごとにフレアの強さは10倍になる．1つのクラスは1〜9に分かれており，たとえばM5フレアはM1フレアの5倍の強さとなる．

X1フレアは，TNT（トリニトロトルエン）爆薬の2億メガトン分に相当する．これは，火山の爆発の100万回分だ．現時点ではXよりも大きなクラスは定義されていないので，さらに大規模なフレアについては記号はXのままで数値を大きくすることになる．

Cクラス
特に顕著な影響はない．

Mクラス
地球の北極・南極付近で電波通信に障害が生じることがあり，宇宙飛行士は放射線にさらされる．

Xクラス
人工衛星に障害が発生することがあり，飛行機の乗客の被ばく量が増え，地上の送電に障害が起きることがある．

太陽活動周期
第24太陽周期／2008年1月〜
第23太陽周期／1996年5月〜2008年1月
第22太陽周期／1986年9月〜1996年5月

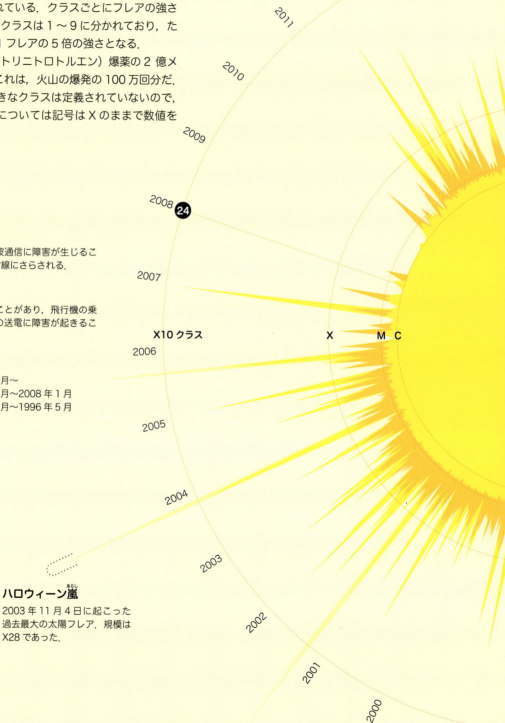

ハロウィーン嵐
2003年11月4日に起こった過去最大の太陽フレア．規模はX28であった．

太陽のダンス

太陽は太陽系の中心にあると思いがちだが，実際は必ずしもそうではない．多くの惑星の引力によって，太陽系というダンスフロアの上を，太陽は複雑なループを描きながら動いている．

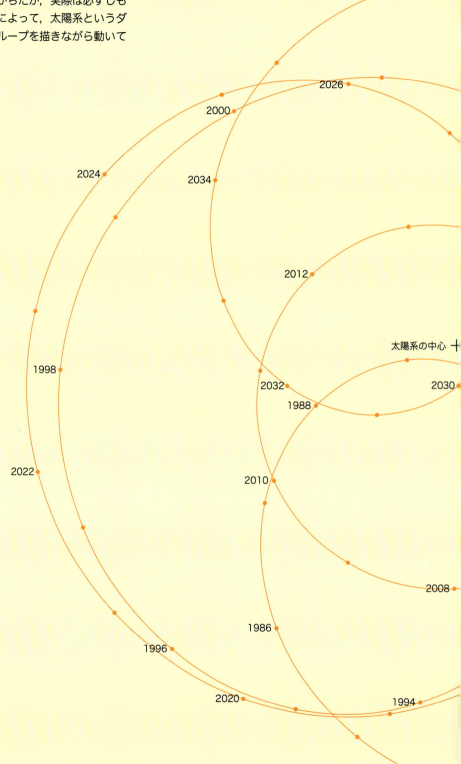

4章／太 陽

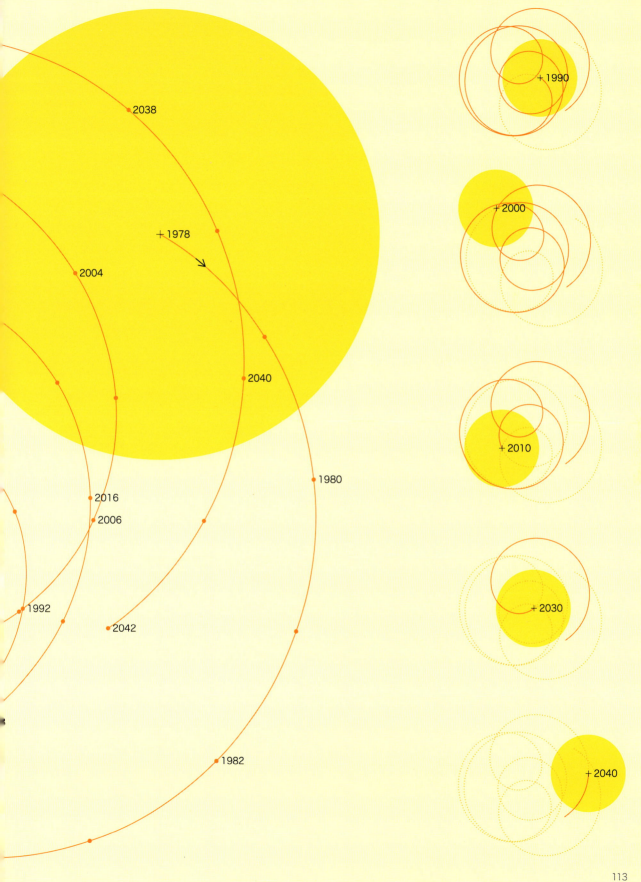

5章／恒　星

北半球の星座

古代の航海者や遊牧民にとって，夜空は向かうべき方角を知るための重要なものであった．太陽が沈んだ後，夜空は日付や地球上の緯度を知る手がかりとなった．何年もかけて人々は，近くの星同士を結びつけていろいろな形をつくった．これらの形は星座とよばれ，隣り合った星座はたいてい神話によって関係づけられている．現在では，これらの神話は星座にまつわる物語を楽しむものとなっているが，さらに星座を覚えるのにも役に立っている．星座は，作物を植えるためや，家に帰る道を知るため，そして海を渡るために重要なものだった．

多くの星座は，古代の神話にその起源がある．たとえば英雄のペルセウスは，カシオペイア女王の娘アンドロメダ王女を助けるために，ペガサス（翼がある馬）に乗っている．動物の名前がついた星座もある．ライオンのしし座，キリンのきりん座などだ．

北半球の星座で最も有名なものの1つ，おおぐま座には，熊のしっぽにあたる部分にひしゃくの形の北斗七星がある．

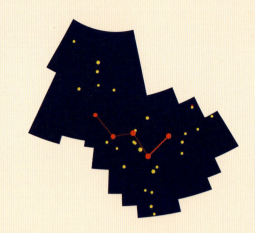

カシオペヤ座／598 平方度

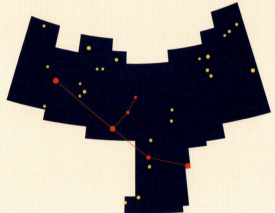

アンドロメダ座／722 平方度

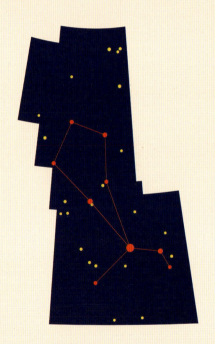

うしかい座／907 平方度

さんかく座／132 平方度

きりん座／757 平方度

こぐま座／256 平方度

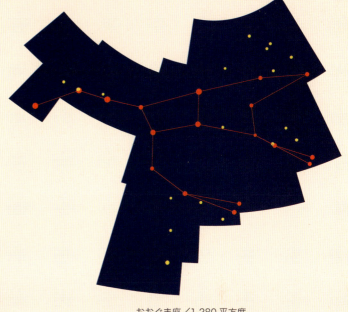

おおぐま座／1,280 平方度

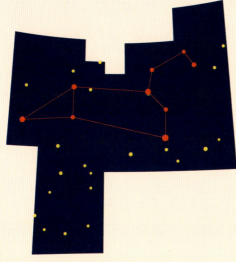

しし座／947 平方度

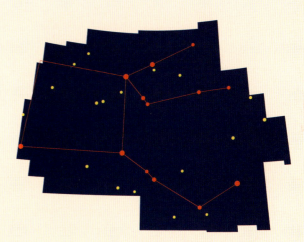

ペガスス座／1,121 平方度

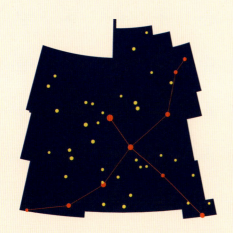

はくちょう座／804 平方度

ペルセウス座／615 平方度

南半球の星座

北半球の空には多くのよく知られた星座があるが，南半球の空には面積で最も大きな星座と最も小さな星座がある．うみへび座とみなみじゅうじ座だ．

　南半球の星座は，北半球に比べて名前の由来が現代に近いものが多い．たとえば，じょうぎ座やかじき座，そしてらしんばん座などだ．

みなみじゅうじ座／68 平方度

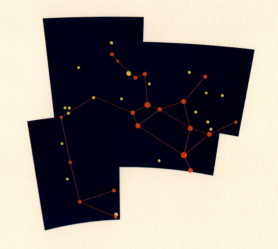

いて座／867 平方度

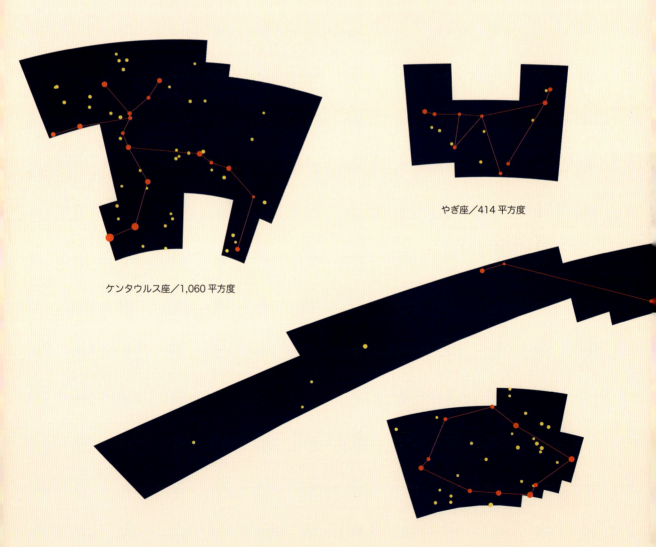

ケンタウルス座／1,060 平方度

やぎ座／414 平方度

ほ座／500 平方度

じょうぎ座／165平方度

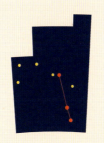
らしんばん座／221平方度

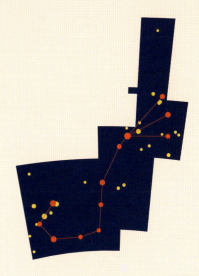
さそり座／497平方度

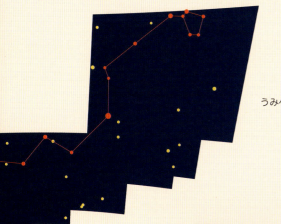
うみへび座／1,303平方度

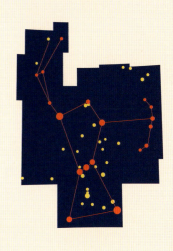
オリオン座／594平方度

かじき座／179平方度

へびつかい座／948平方度

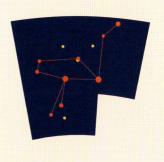
つる座／366平方度

3D オリオン

夜空を眺めると,光を放つたくさんの星がくっついた巨大な球のように思えるだろう.どれほど多くの古代の人がそのように想像しただろう.しかし実際には,すべての星は,(非常に大きな距離ではあるが)それぞれ異なった距離にある.宇宙は3次元だが,私たちはそれを2次元として見ているのだ.

よく知られたオリオン座も,別の方向から見ると非常に異なった形に見える.他の角度から見ると,近くに集まっていた星々がばらばらになってしまうのだ.ベルトのところの三ツ星についてみると,両側の星の真ん中に割って入っているアルニラム(Alnilam)は,ずっと明るい星だが,地球からの距離は倍なのだ.

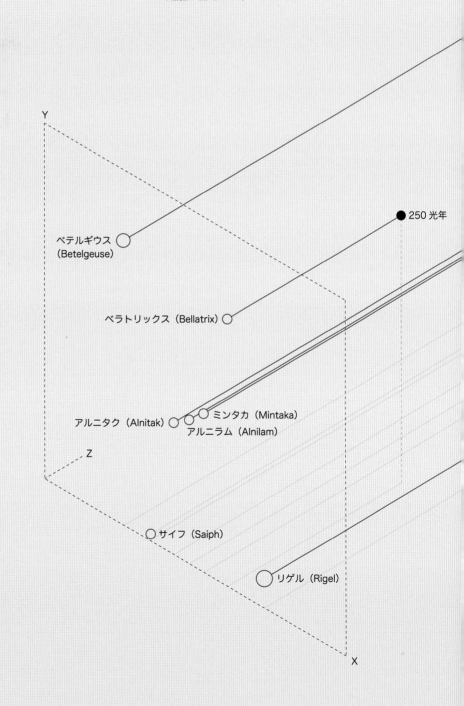

● 1,340 光年

● 640 光年

735 光年 ●
● 690 光年

● 860 光年

● 645 光年

夜空でのオリオン座の位置は，世界のすべての国から見えるところにある．ギリシャ人にとって，オリオンは力の強い狩人だった．オリオンは，牡牛（おうし座）と戦うときに犬（おおいぬ座とこいぬ座）を連れていた．アフリカでは，オリオンのベルトのところの3つの星は，明るい星であるアルデバランによって捕まえられたシマウマと考えられていた．オーストラリアのアボリジニでは，ベルトはデジュルパン（カヌーの3人兄弟）として知られており，雨季を警告するものだった．

オリオン座／594 平方度

近くにある恒星

地球に最も近い恒星は何だろうか？ 太陽を除くと，ケンタウルス座のアルファ星が最も近い星で，これは約4.3光年（40.7兆km）離れた三重連星である．ケンタウルス座アルファ星のAとBは接近して互いのまわりを回っており，さらにそのまわりをプロキシマ・ケンタウリが回っている．恒星は静止しているわけではなく，時間が経つにつれて移動していく．バーナード星は地球にかなり速く接近しており，いまから1万年くらい後に，4光年以内のところを通過する．

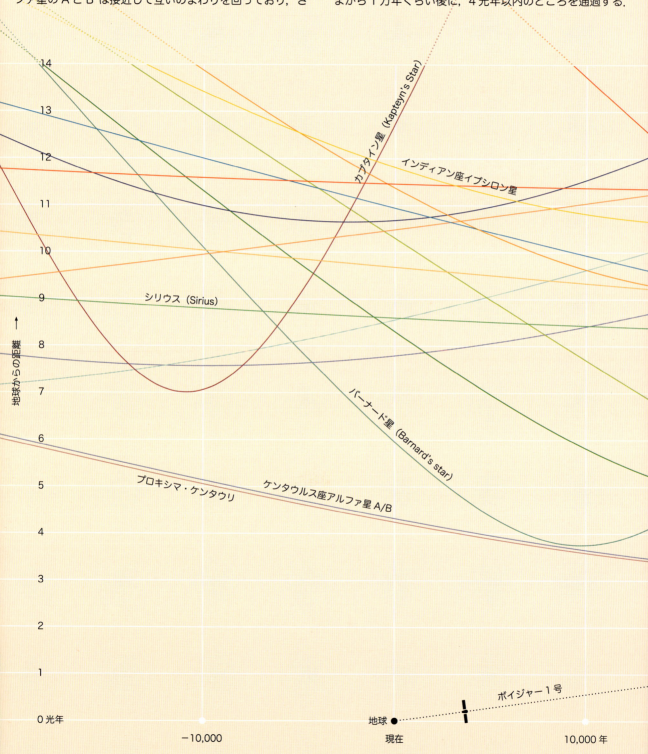

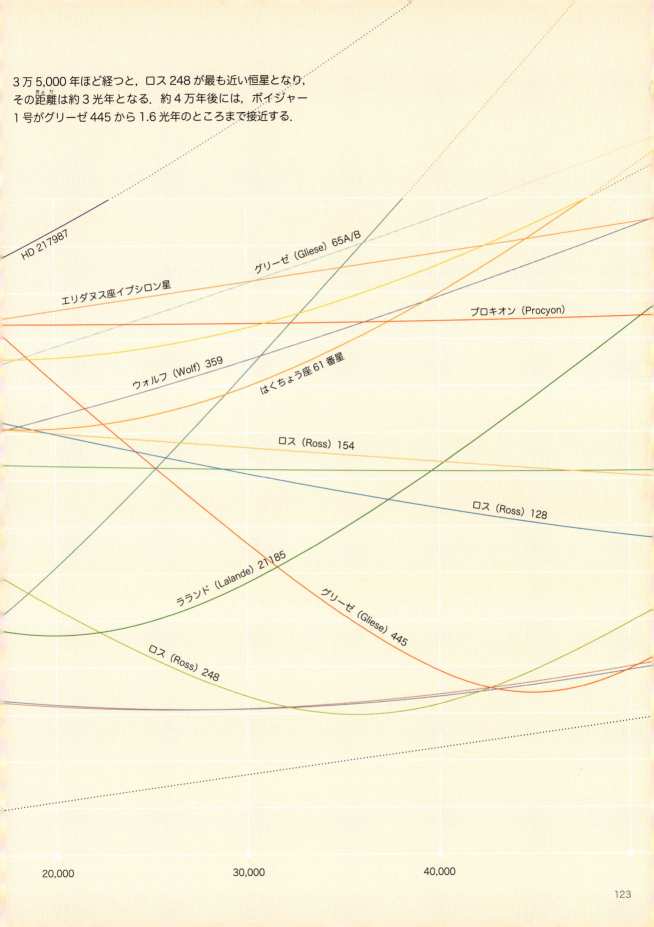

固有運動

これまでの長い歴史の間,天文学者たちは恒星(恒なる星)という言葉を使ってきたが,実際には,恒星は動かないわけではない.ほとんどの星は,異なる速さで異なる方向へ動いている.なかには一緒に動いている星もある.非常に遠方にあるために,秒速何十kmで動いていたとしても,私たちの目にその動きはわからない.精密に観測することで,天球に沿う動きである「固有運動」を計測することができる.そして,遠い未来に夜空がどのように見えるのかを計算することができるのだ.私たちの子孫にとっては,夜空の星の配置はまったく別のものになるだろう.

いまから10万年経つと,しし座は現在の伏せている姿勢ではなくなるし,ふたご座に至っては打ち首になってしまっている.カシオペヤ座はもはや見慣れたW型ではなくなるし,おおいぬ座ではその首輪からシリウスがなくなっている

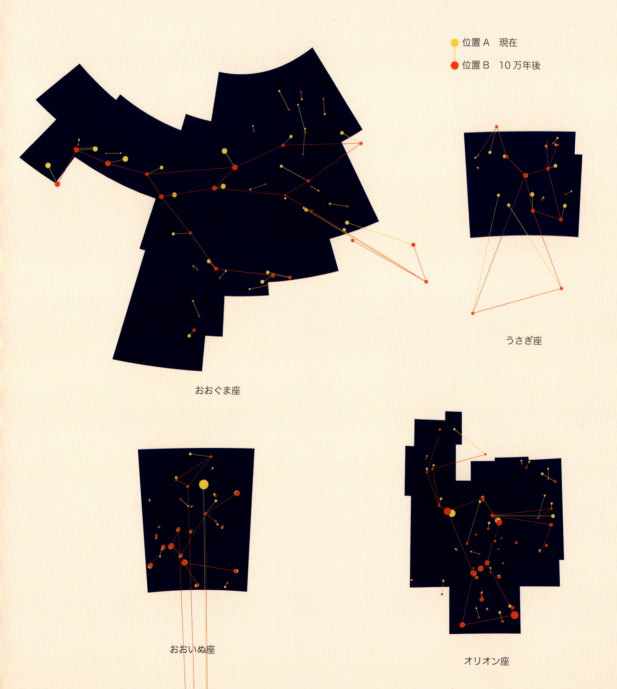

おおぐま座

うさぎ座

おおいぬ座

オリオン座

だろう．おおぐま座の北斗七星(ほくとしちせい)のうち5つの明るい星は一緒に移動しているが，熊(くま)のしっぽは曲がってしまう．オリオン座では，剣(けん)や盾(たて)の位置がちょっと調整されるだけだが，片方(かた)の肩にあるベテルギウスが超新星爆発(ちょうしんせいばくはつ)によってその一生を終えてしまっているかもしれない．

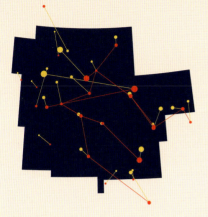

ふたご座

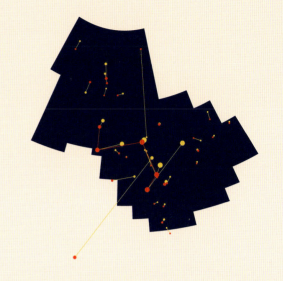

カシオペヤ座

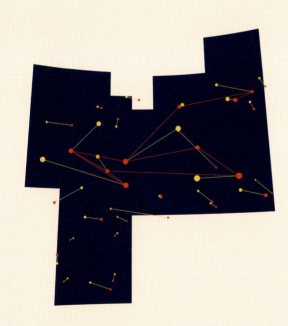

しし座

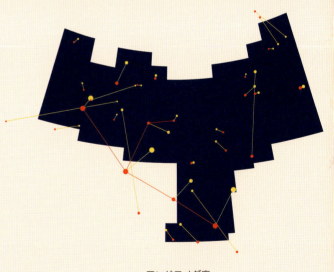

アンドロメダ座

明るい星

夜空を眺めると，いくつかの星が他の星より明るいことに気づくだろう．夜空で最も明るい星は，おおいぬ座のシリウス（Sirius）だ．シリウスは連星で，シリウスAとシリウスBからなっている．2番目に明るい星はカノープス（Canopus）で，シリウスの半分くらいの明るさである．多くの人が驚くと思うが，北極星は，明るさのリストではかなり下のほうにある．北極星の重要性は，その明るさではなくて位置が極の近くにあることによる．地球から見る星の明るさは，星自身の固有の明るさとその星がどのくらい近くにあるかによる．比較的暗い星でも，ずっと近くにあれば，他の星よりも明るく見えるのだ．たとえば，カノープスは実際にはシリウスよりも600倍も明るいが，約40倍も遠いところにあるため，シリウスよりも少し暗く見える．

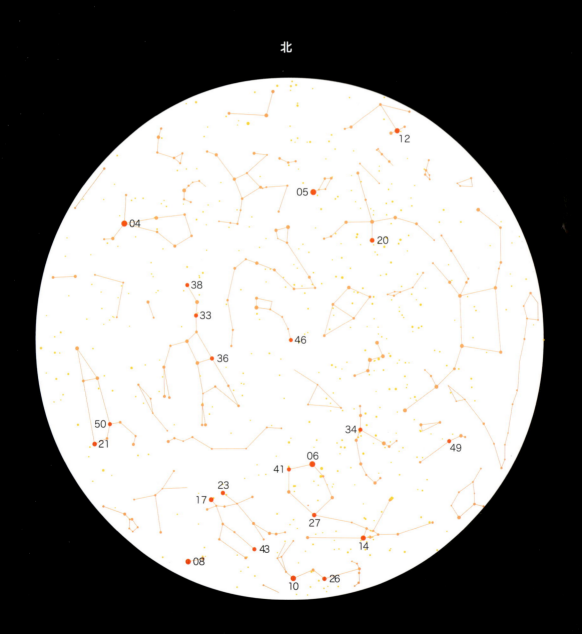

01／シリウス（Sirius）
02／カノープス（Canopus）
03／ケンタウルス座アルファ星（Alpha Centauri）
04／アークトゥルス（Arcturus）
05／ベガ（Vega）
06／カペラ（Capella）
07／リゲル（Rigel）
08／プロキオン（Procyon）
09／アケルナル（Achernar）
10／ベテルギウス（Betelgeuse）
11／ハダル（Hadar）
12／アルタイル（Altair）
13／アクルックス（Acrux）
14／アルデバラン（Aldebaran）
15／スピカ（Spica）
16／アンタレス（Antares）
17／ポルックス（Pollux）
18／フォーマルハウト（Fomalhaut）
19／ベクルックス（Becrux）
20／デネブ（Deneb）
21／レグルス（Regulus）
22／アダーラ（Adhara）
23／カストル（Castor）
24／ガクルックス（Gacrux）
25／シャウラ（Shaula）
26／ベラトリックス（Bellatrix）
27／エルナト（Alnath）
28／ミアプラキドゥス（Miaplacidus）
29／アルニラム（Alnilam）
30／アルナイル（Alnair）
31／アルニタク（Alnitak）
32／ほ座ガンマ星（Gamma Velorum）
33／アリオト（Alioth）
34／ミルファク（Mirfak）
35／いて座イプシロン星（Epsilon Sagittarii）
36／ドゥーベ（Dubhe）
37／ウェズン（Wezen）
38／アルカイド（Alkaid）
39／アヴィオル（Avior）
40／さそり座シータ星（Theta Scorpii）
41／メンカリナン（Menkalinan）
42／アトリア（Atria）
43／アルヘナ（Alhena）
44／ほ座デルタ星（Delta Velorum）
45／ピーコック（Peacock）
46／北極星（Polaris）
47／ミルザム（Mirzam）
48／アルファルド（Alphard）
49／ハマル（Hamal）
50／アルギエバ（Algieba）

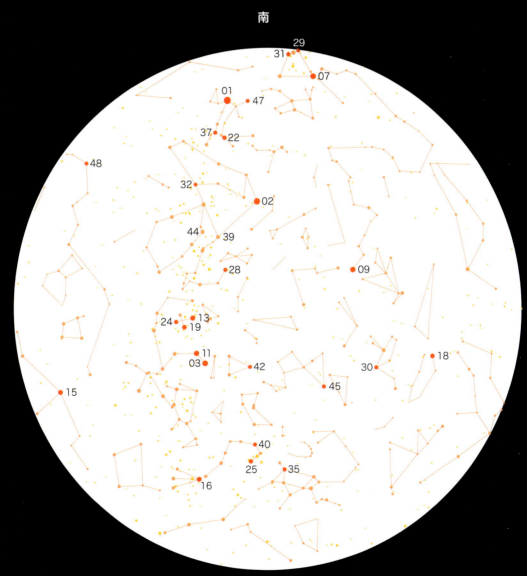

巨 星

私たちに最も近い恒星である太陽は，直径が約 140 万 km である．この大きさは，地球の直径より 100 倍以上も大きいが，他の多くの恒星よりも小さいのである．知られている最も大きな恒星は，南天の星座であるたて座の UY 星である．大きさは太陽の 1,700 倍あると推定されており，もし太陽系の中心に置くと，木星軌道の外側まで達することになる．

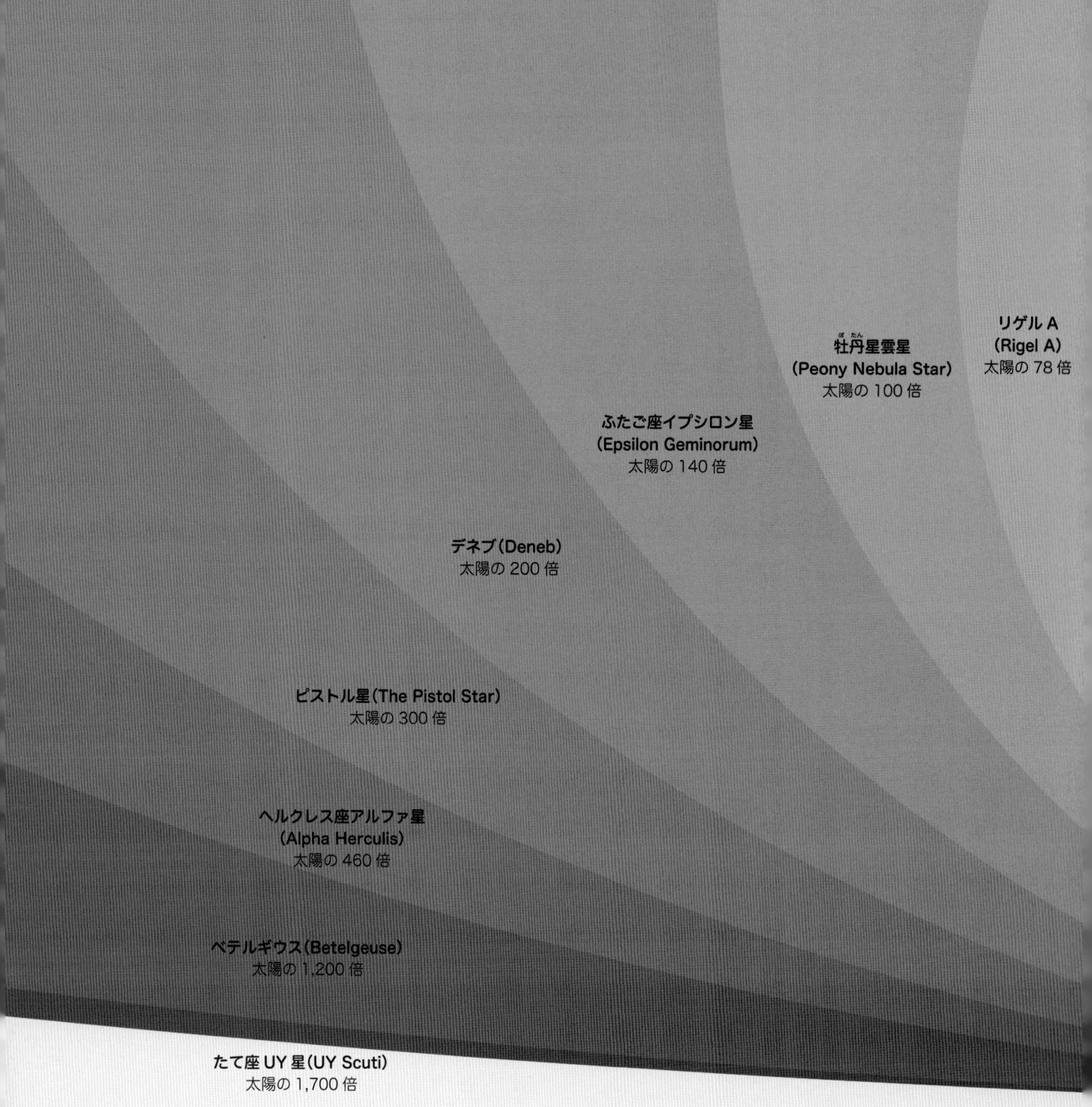

リゲル A (Rigel A)
太陽の 78 倍

牡丹星雲星 (Peony Nebula Star)
太陽の 100 倍

ふたご座イプシロン星 (Epsilon Geminorum)
太陽の 140 倍

デネブ (Deneb)
太陽の 200 倍

ピストル星 (The Pistol Star)
太陽の 300 倍

ヘルクレス座アルファ星 (Alpha Herculis)
太陽の 460 倍

ベテルギウス (Betelgeuse)
太陽の 1,200 倍

たて座 UY 星 (UY Scuti)
太陽の 1,700 倍

カノープス
(Canopus)
太陽の65倍

アルデバラン（Aldebaran）
太陽の44倍

アークトゥルス（Arcturus）
太陽の25倍

うしかい座デルタ星
（Delta Boötis）
太陽の10倍

太陽

矮星

恒星は，どこまで小さいものがあり得るだろうか？ 恒星とはプラズマの球体であり，自分自身の重力でまとまっていて，その中心で核融合反応が起こることで輝く天体である．核融合反応が起こるためには，中心は非常に高温で高密度である必要がある．この条件を満たすのに十分な重力をもつためには，少なくとも太陽の7％の質量が必要である．

現在知られている最も小さい恒星は，太陽の直径のわずか8.6％で，明るさは太陽の8,000分の1で表面温度は2,100 K（ケルビン）しかない．この星は，ちょっと複雑な2MASS J0523-1403という名前だ．

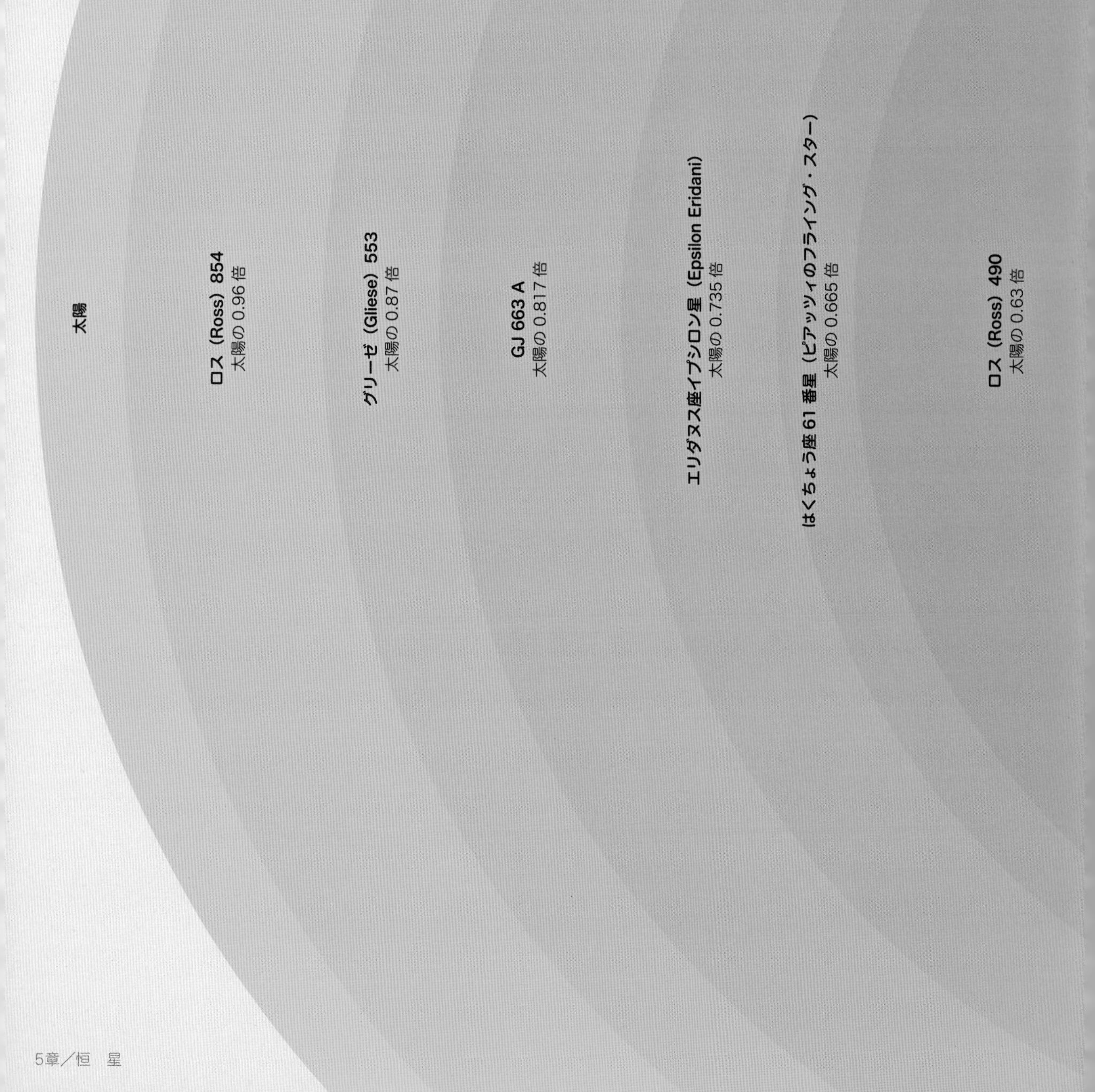

太陽

ロス (Ross) 854
太陽の0.96倍

グリーゼ (Gliese) 553
太陽の0.87倍

GJ 663 A
太陽の0.817倍

エリダヌス座イプシロン星 (Epsilon Eridani)
太陽の0.735倍

はくちょう座61番星 (ピアッツィのフライング・スター)
太陽の0.665倍

ロス (Ross) 490
太陽の0.63倍

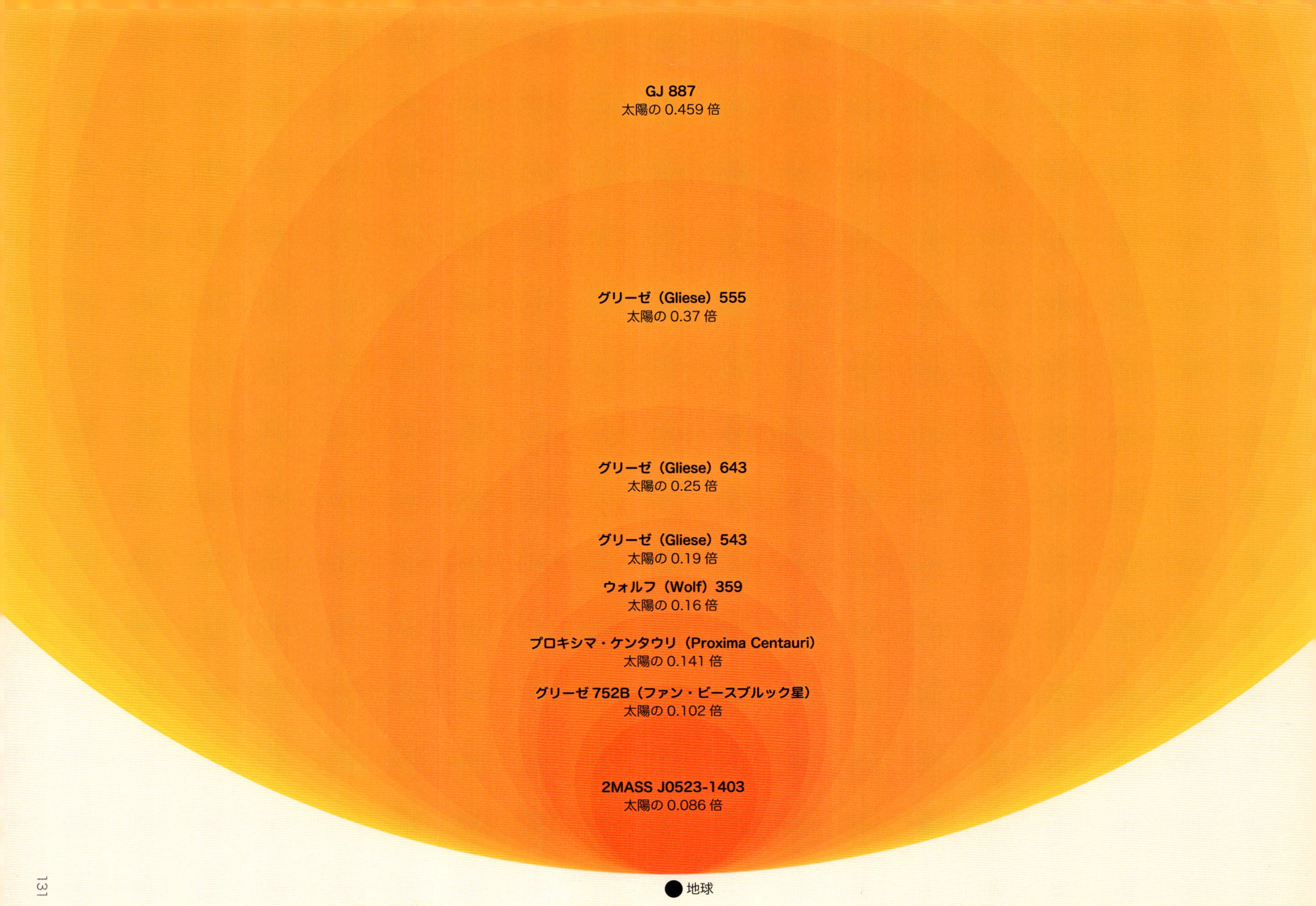

GJ 887
太陽の 0.459 倍

グリーゼ (Gliese) 555
太陽の 0.37 倍

グリーゼ (Gliese) 643
太陽の 0.25 倍

グリーゼ (Gliese) 543
太陽の 0.19 倍

ウォルフ (Wolf) 359
太陽の 0.16 倍

プロキシマ・ケンタウリ (Proxima Centauri)
太陽の 0.141 倍

グリーゼ 752B (ファン・ビースブルック星)
太陽の 0.102 倍

2MASS J0523-1403
太陽の 0.086 倍

● 地球

恒星の分類

19世紀の終わりから20世紀の初めにかけて,天文学者たちは,恒星のスペクトルの暗線(吸収線)の入り方によって恒星の分類を行った.現代の分類法は,1901年にアニー・ジャンプ・キャノン(Annie Jump Cannon)によって考案されたもので,O,B,A,F,G,K,Mというアルファベットを用いた.分類の順番は,いろいろな線の相対的な強さによっており,これは恒星の大気にある元素の量による.これを覚えるのに,"Oh, Be A Fine Girl/Guy. Kiss Me"(ああ,いい子になって,キスしてよ)という語呂合わせがある.のちに,この順番が恒星の表面温度に依存していることもわかった.表面温度の低い星ほど多くの吸収線をもつが,これは温度の低い大気では簡単な分子もつくられるからだ.

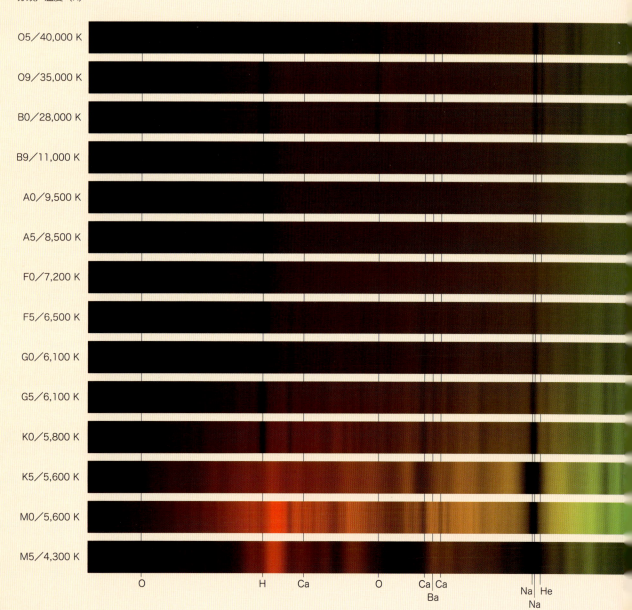

O ／地球大気中の酸素
H ／水素
Ca／カルシウム
Ba／バリウム
Na／ナトリウム
He／ヘリウム

Fe／鉄
Mg／マグネシウム
Hg／水銀
Cr／クロム
Ti／チタン
Sr／ストロンチウム

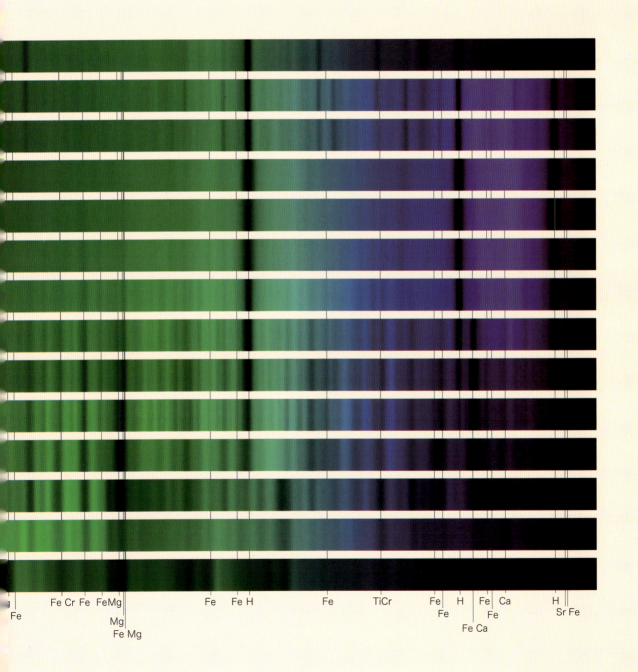

明るさと色

20世紀の初めごろ，アイナー・ヘルツシュプルング（Ejnar Hertzsprung）とヘンリー・ラッセル（Henry Russell）は，恒星の絶対等級とその色とを比較した．恒星の色は表面の温度に関係があり，温度の高い恒星は青く，温度が低い恒星は赤く見える．この2つの性質についてグラフにプロットしたところ，彼らは恒星がどのくらい大きいかとその一生のうちどの段階にいるかによって，いくつかのグループに分類できることを見出した．何千個もの恒星の最新の計測データを使って，現時点のヘルツシュプルング-ラッセル図（H-R図）を描くことができる．

図の対角線の方向に恒星が並ぶが，これが主系列星である．ほとんどの星は，ここで大部分の時間を過ごす．この系列のどこに位置するかは，恒星が誕生したときの質量による．年をとると，恒星は膨張する．すると温度は下がるが，より明るくなり，恒星は巨星，そして超巨星の領域に移っていく．寿命がつきる直前には，温度が急激に上昇し，恒星は左側に移動する．太陽程度の質量の恒星の場合，最後には小さい白色矮星となり，ゆっくりと冷えていくことになる．質量の大きな恒星では，超新星爆発を起こし，中性子星やブラックホールとなってその一生を終える．

太陽の進化の道筋

A 0年——太陽が誕生する．

B 45億年——現在の太陽．誕生したときに比べると，太陽は少しだけ明るくなり温度も上がる．

C 95億年——太陽は赤色巨星へと膨張する．大きさは2.3倍になり，明るさは3.2倍になる．

D 103億年——太陽は210倍に大きくなり，4,200倍の明るさになる．温度は現在の半分程度になる．

E 103億年——燃料を使いつくして，太陽の外側の層は宇宙空間に流れ出していく．現在の質量の半分あまりが残り，もとの大きさの20%くらいに収縮する．温度は10万度くらいになり，現在の3,000倍くらいの明るさになる．

F 120億年——残った天体は，現在の明るさの0.003%で，地球の大きさの1.5倍程度である．

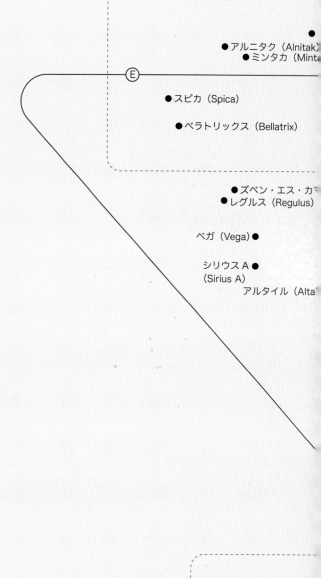

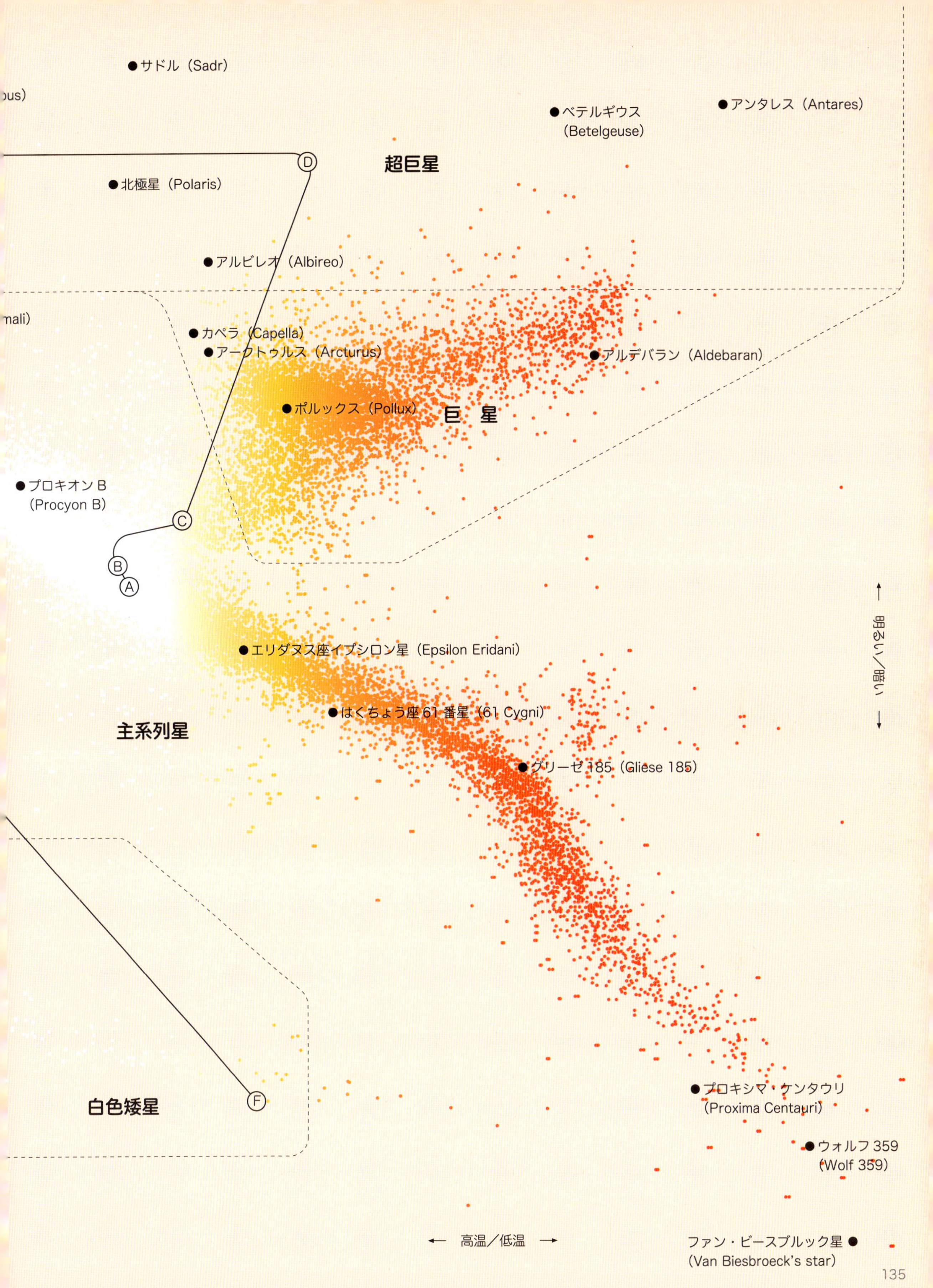

●サドル（Sadr）

●ベテルギウス（Betelgeuse）　●アンタレス（Antares）

超巨星

●北極星（Polaris）

●アルビレオ（Albireo）

●カペラ（Capella）
●アークトゥルス（Arcturus）　　　　●アルデバラン（Aldebaran）

●ポルックス（Pollux）　巨　星

●プロキオンB（Procyon B）

●エリダヌス座イプシロン星（Epsilon Eridani）

主系列星

●はくちょう座61番星（61 Cygni）

●グリーゼ185（Gliese 185）

↑明るい／暗い↓

白色矮星

●プロキシマ・ケンタウリ（Proxima Centauri）

●ウォルフ359（Wolf 359）

← 高温／低温 →

ファン・ビースブルック星●（Van Biesbroeck's star）

恒星のライフサイクル

恒星の一生は，生まれたときにどのくらいの質量をもっていたかによって決まる．生まれたときに重ければ重いほど，その燃料をより早く燃やしてしまう．大きな恒星は，早く進化し，すぐに死んでしまう．恒星は，核融合反応によって，大量にもっている水素を順により重い元素へと変えていく．この核融合反応によって発生する放射やエネルギーがあるために，自分自身の引力によってつぶれないでいられるのだ．燃料を使い果たすと，恒星は自分自身を支えていられなくなり，外側は爆発的に膨張し，内側は崩壊する．これが星の死だ．最後に何が残るかは，星が死ぬときの質量によって異なる．

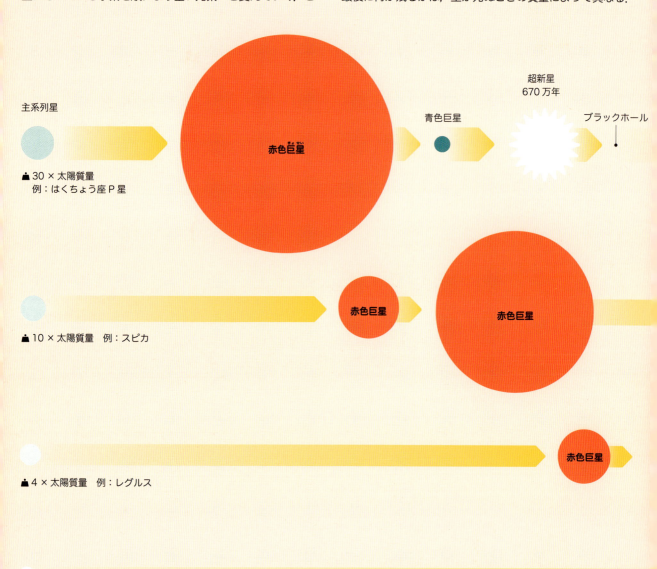

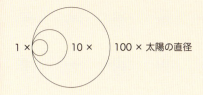
1 ×　10 ×　100 × 太陽の直径

太陽の約 25 倍以上重い恒星は，その崩壊が速すぎて中性子星となることができず，ブラックホールとなる．

太陽の質量の 8 倍以上の恒星では，超新星爆発で一生を終える．内側は崩壊して中性子星となる．中性子星は太陽と似た質量なのに，直径は 20 km くらいしかない．

超新星
2,760 万年

中性子星

白色矮星
2 億 1,500 万年

太陽に似た恒星では，死ぬときに外側の層が放出され，中心の部分が白色矮星として残る．

白色矮星
103 億年

赤色巨星

白色矮星
628 億年

赤色巨星

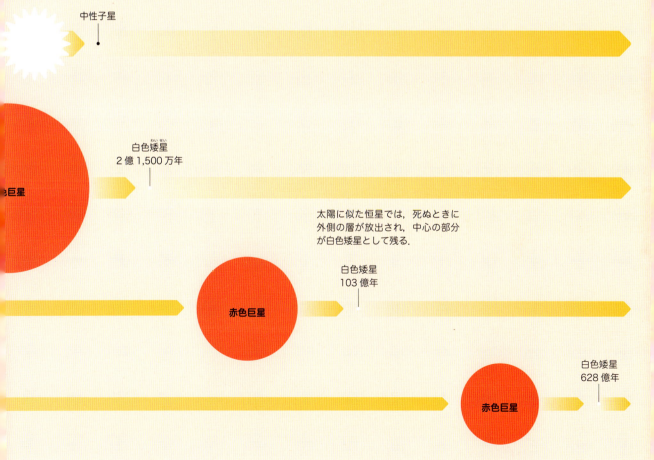

超新星

恒星の質量が太陽よりもずっと重いとき，その最後は超新星という壊滅的な大爆発となる．この爆発によって恒星は，短時間の間，銀河全体よりも明るく輝く．銀河系くらいの大きさの銀河では，100年あたり2,3回の超新星爆発が起こると推定されている．

過去130年間に発見された超新星はすべて銀河系外の銀河で起こったもので，ほとんどは非常に暗くて肉眼では見えないものであった．現在私たちの記憶にある最も明るい超新星は，1987 A である．これは，1987年に大マゼラン銀河で見られた．

最近では，超新星をそのスペクトルの中に観測される元素によって Ia , Ib , Ic, II という4つのタイプに分類している．タイプは4つあるが，主要な原因は2つである．

タイプ Ia の超新星は，連星となっている片方の恒星から

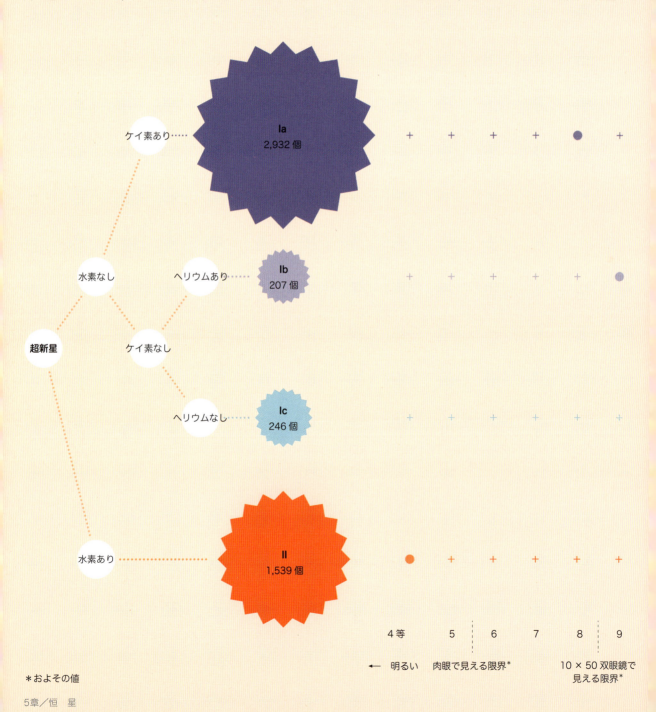

* およその値

もう片方の白色矮星に物質が流れ込み，限界の質量を超えて爆発を起こすものである．

タイプ Ib, Ic, II では，非常に質量の大きい恒星での核融合反応が重力に対抗できなくなり，中心部分が中性子星かブラックホールに崩壊するときに起こるものである．タイプ Ib と Ic では，その進化の最後の過程で水素の外層を星間風としてほとんど失ってしまった恒星によるものである．

過去 130 年以上にわたって，タイプ Ia の超新星が他のタイプよりもより多く発見されてきた．そして，ぎりぎり観測できる超新星の大部分はこの Ia であった．これは，Ia が最も明るい超新星であることが多いので，遠方で起こっても観測できたためだと考えられる．

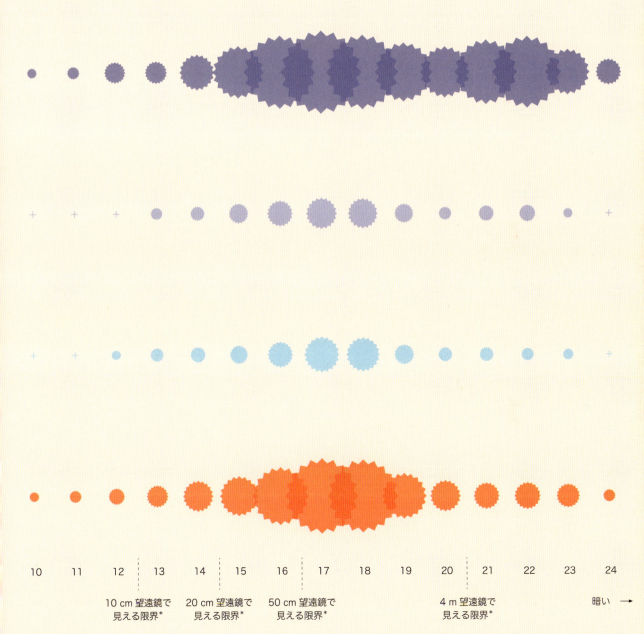

パルサー

1967 年，ケンブリッジ大学の学生だったジョスリン・ベル（Jocelyn Bell）は，電波望遠鏡からのデータに変な信号があるのに気づいた．それは，電波が脈打つように規則的に強くなるもので，彼女はそれが地球外知的生命からのものであると認識した．彼女はその信号に LGM1（Little Green Man 1：緑の小人 1）と名づけたが，少し経ってから LGM2 と 3 が見つかった．他の人たちとの議論の後，ベルは，予想はされていたもののそれまで発見されていなかったある種の寿命の尽きた星を発見したのだと気づいた．

太陽よりもずっと重い恒星は，超新星爆発を起こしてその一生を終える．外側の部分は吹き飛んでしまうが，内側の部分は崩壊して，太陽より少し重い物質が 1 つの都市くらいの大きさに圧縮された小さな天体となる．崩壊していくときに星はより速く自転するようになり，磁場が集中して強くなり，密度が非常に高くなるので陽子と電子が一緒になって中性子となる．つまり，中性子星が誕生し，その表面は光速の

× パルサー
◎ 1 つ以上の伴星をもつパルサー
⊗ 超新星残骸をもつパルサー

↑ 急ブレーキ

ほ座超新星残骸 1 万年以上前に起こった超新星のなごりである．

かに星雲 超新星爆発は 1054 年に起こり，中国の天文学者によって記録されている（日本でも，藤原定家の日記である「明月記」に伝聞として記載がある）．パルサーは 1968 年に発見された．

かに星雲
かにパルサーの磁場の 1 立方センチメートルあたりのエネルギーの生成率は，1 つの原子力発電所に匹敵する．1 立方メートルあたりにすると，人類すべてのエネルギー生成率を超えるものになる．

J0737-3039A/B
2004 年に互いのまわりを回る 2 つのパルサーが発見された．これらのふるまいを精密にモニターした結果，天文学者たちは一般相対性理論を 99.995％の精度で検証することができた．

J0737-3039A/B 連星のパルサー

B1257+12 1992 年にパルサーのまわりに惑星系が発見された．

↓ ゆっくり減速

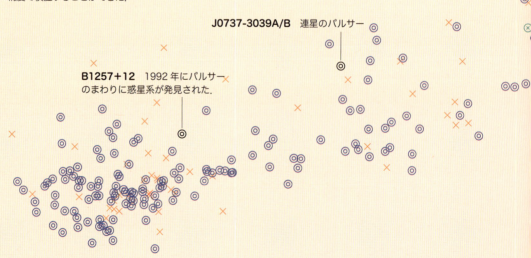

0.001 秒／自転   0.01 秒／自転   0.1 秒／自

15％の速さで自転する．

　中性子星は，2つの磁極から電波のビームを発することが多い．もし磁場の向きと自転軸の向きが異なっていると，電波のビームは，あたかも灯台からの光のように宇宙空間をぐるりと一周することになる．もしそのビームが地球を通過すれば，毎回強い電波を観測することになり，これがパルスを出す中性子星であり，パルサーとよばれることになった天体なのだ．

　自転周期と，自転速度の減速のしかたとを比較してみると，おもしろいことがわかる．より若いパルサーは左上のほうにあり，連星となっているパルサーは左下のほうにある．時間が経つにつれて，自転の速度は遅くなり，また遅くなる割合もゆるやかになっていく．すると，パルサーは下の右のほうに移動していく．そしてあるときに「パルサー死のライン」を横切ると，パルサーからはビームが出なくなる．

B1919+21　1967年に最初に発見されたパルサー．最初は「LGM1」とよばれた．

× **J2144-3933**　非常にゆっくりとしたパルサー．パルサー死のラインを理解するのに重要な天体．

パルサー死のライン

1秒／自転　　　　　　　　　10秒／自転

われら星の子

生命は，非常に多種多様の原子や分子の間での化学反応に依存する複雑なものだ．地球上のすべての生命の基本はDNAであり，DNAは水素，炭素，窒素，酸素，リンでできている．しかし，これらの元素はいったいどこからきたのだろうか？ほとんどの重元素（水素とヘリウム以外の元素のこと）は星の進化の過程や超新星爆発のときにつくられる．その中には，生命にとって不可欠な元素も含まれている．これらの元素が，新しい星や惑星の材料となる．

宇宙の始まり

宇宙の始まり*では，宇宙は水素とヘリウムという2つの軽い元素で満ちていた．続いて起こった反応によって，少しだけリチウム，ホウ素，ベリリウムができた．

*本当の始まりではない．最初の安定な原子ができたのは，ビッグバンの38万年後である．

- □ 生命に必須
- ■ つくられた元素
- □ つくられていない元素

恒星の中心で

太陽のような恒星は，その寿命の最後までに炭素，窒素，酸素，ネオンをつくる．

巨大な恒星では

重い恒星の中心での高エネルギーのプロセスよって，周期表上の残りの元素の半分くらいできる．アルミニウム，ケイ素，酸素は，地の地殻にある3つの最も多い元素である．

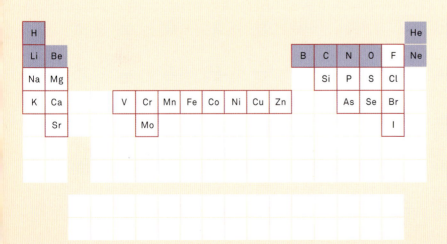

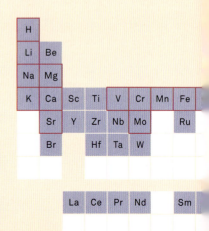

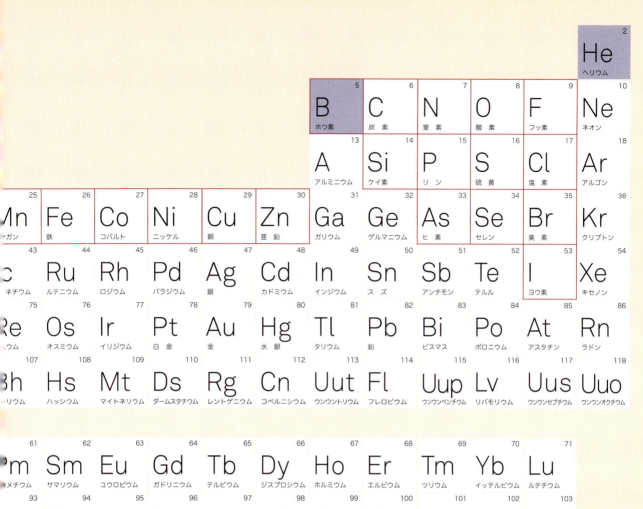

最後の爆発で
ほとんどのより重い元素は，重い恒星の最後である超新星爆発の過程でつくられる．この爆発でつくられる元素の中には，生命にとって必須のものも含まれている．

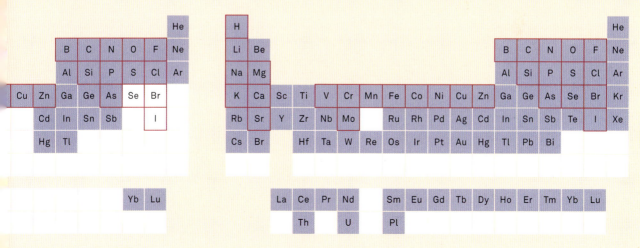

歳差

地球の自転軸を北のほうへ延長していくと，北極星に向かう．正確には，北極星のすぐ近くに向かうことになるのだが，いずれにしても北を指していることになる．しかし，北極星そのものに特別なことは何もない．天の北極がたまたま北極星と一致しているだけであって，つねにそうなっているわけでもない．地球の自転軸は，地球が太陽のまわりを回っている公転面に対して約 23.5 度傾いている．数万年の周期でこの軸はぐらついており，天球上の北極の位置は変化している．

天の北極

ピラミッドがつくられたとき，天の北極はりゅう座のアルファ星であるトゥバンのそばにあった．そして 1 万 4,000 年後には，非常に明るい星のベガが北極星になる．

5 章／恒 星

天の南極

現在，天の南極のそばには明るい星はないが，南十字星によって指し示されている．1,000 年経つともはやそうではなくなり，1 万 4,000 年経つと全天で 2 番目に明るい星であるカノープスから 10 度くらい離れたところが天の南極となる．

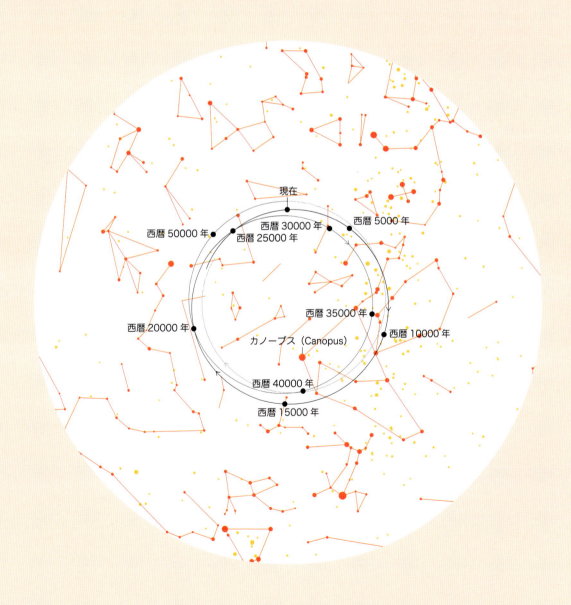

6章／銀　河

天の川

外側から見ると私たちの天の川銀河（銀河系）は，2つの目玉焼きを背中合わせに合体したような形をしている．私たちのいる地球は，その目玉焼きの白身の中の中心から3分の2くらいのところにある．そのために，地球から見ると川のように星が取り巻いているのである．私たちは地球を平面の地図に描くように空を平面の図に描くことができる．そのときに，天の川は赤道に沿った帯のようにページの中心を左右に横切っており，図の中心が天の川銀河の中心となる．

ページの左端と右端はつながっている．赤道のところの帯を見るということは，天の川銀河の円盤方向を見ることになり，ほとんどが近くの星やダスト，星雲である．赤道の帯の上方や下方を見ることは円盤の上方や下方を見ることに相当し，背景をさえぎるような天体が少ない．

恒星だけでなく，一緒に誕生した星がつくる集団や，近くや遠くにある銀河などいろいろな種類の天体を見ることができる．

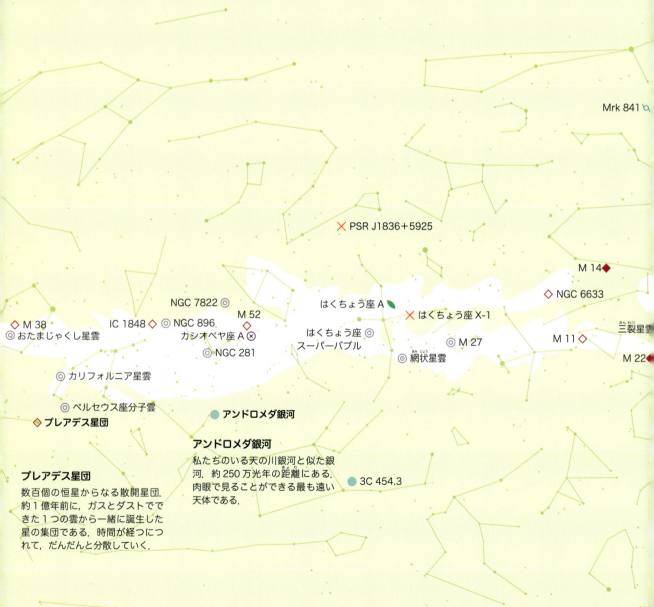

アンドロメダ銀河

私たちのいる天の川銀河と似た銀河．約250万光年の距離にある．肉眼で見ることができる最も遠い天体である．

プレアデス星団

数百個の恒星からなる散開星団．約1億年前に，ガスとダストでできた1つの雲から一緒に誕生した星の集団である．時間が経つにつれて，だんだんと分散していく．

× 恒星
✶ 星の集団
◇ 散開星団
◆ 球状星団
◎ 星雲
⊗ 超新星残骸
● 銀河
🌀 渦巻銀河
🌀 棒渦巻銀河
● レンズ状銀河
● 楕円銀河

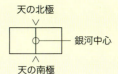
天の北極 / 銀河中心 / 天の南極

3C 273
1950年代に，電波天文学者たちは全天に何百個もの強い電波を出す天体を発見した．その多くは，中心に巨大ブラックホールがある遠方の銀河であることがわかった．これらの天体は，現在ではクエーサーとよばれている．

● M 87
● 3C 273
● 3C 279

ケンタウルス座 A
可視光で見るとふつうの銀河だが，中心の巨大ブラックホールから2つの巨大なガスのかたまりが反対方向に噴き出ている．

QSO J1512-0906

ほ座超新星爆発残骸
ほ座の方向で1万1,000年以上前に爆発した重い星のなごり．中心には中性子星がある．

アッパー・スコーピウス
（さそり–ケンタウルス座運動星団のサブグループ）

へびつかい座ロー星

● ケンタウルス座 A
◆ オメガ（ω）星団

◇ NGC 4755
◎ イータカリーナ星雲
◇ IC 2602
⊗ ほ座超新星爆発残骸
◇ M 93
◇ M 41

SN 437 ×
◎ ばら星雲
かに星雲 ⊗
✶ オリオン座ラムダ星
◎ 火炎星雲
◎ オリオン大星雲

オメガ（ω）星団
私たちのいる天の川銀河で最も大きな球状星団．このほぼ球状の星の集まりは，数十億年前に誕生したものであり，重力によってまとまっている．

🌀 大マゼラン銀河
● 小マゼラン銀河

大・小マゼラン銀河
私たちの天の川銀河のまわりを回っている小さな銀河．南半球からなら肉眼でも見ることができる．

× SN 2006dd

オリオン大星雲
恒星は，星雲とよばれるガスとダストの雲から生まれる．地球から見られる最も明るい星雲はオリオン大星雲で，約1,500光年の距離のところにある．

149

目には見えない銀河

肉眼で見ることができるものは，全体のほんの一部でしかない．可視光線以外を使った最初の観測は，電波望遠鏡を使っての観測だった．天の川の帯などは可視光での観測と似た特徴（とくちょう）が見られたが，まったく新しい天体も発見できた．現在では宇宙望遠鏡も使い，電磁波のほとんどすべての範囲（はんい）を通じて宇宙を見ることができる．

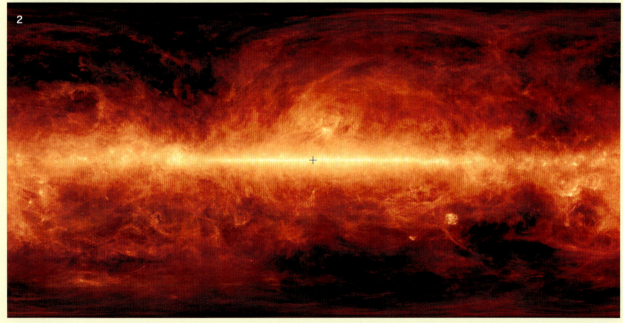

1／ガンマ線
フェルミガンマ線宇宙望遠鏡によって，地上の加速器で生み出せるものよりずっと高いエネルギーで原子よりも小さい粒子について調べることができる．ブラックホールや宇宙における他の高エネルギー現象を見ることができる．

2／赤外線
赤外線天文衛星IRASは，米国，英国，オランダが共同して打ち上げた衛星である．銀河シラスとよばれるあたたかいダストの雲を観測するのに赤外線は特に役に立つ．

3／マイクロ波
プランク衛星は，欧州宇宙機関（ESA）のミッションで2009年に打ち上げられた．天の川銀河の中のガスやダストの観測をし，さらに銀河面の上方や下方において，ビッグバンから38万年後に出た宇宙で最も初期の光も観測している．

4／X線
ROSAT（レントゲン衛星）は，ドイツ，米国，英国が共同で打ち上げたX線観測衛星である．X線は何百万度にも加熱された物質から放出される．宇宙での大爆発や超高速の物質からも放出される．黒い帯のように見える部分は実際の特徴ではなく，衛星のトラブルで観測できなかった部分である．

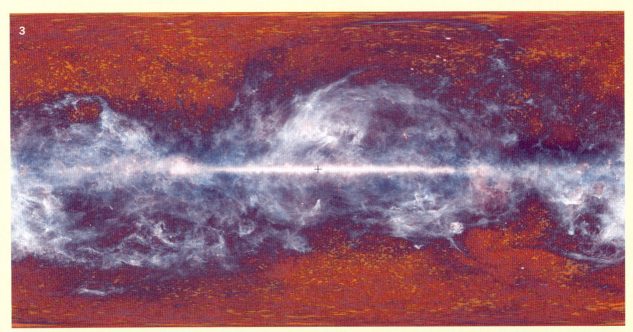

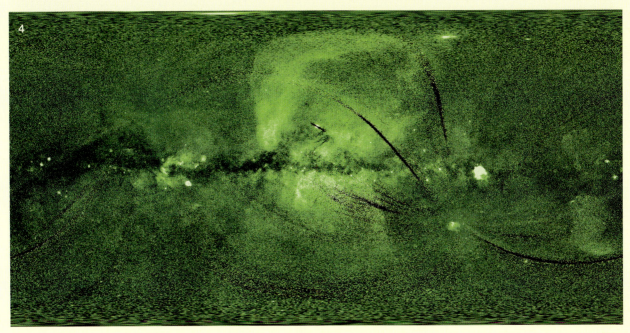

銀河の偏光

天の川には，電気を帯びた粒子が動くことで発生した磁場がある．私たちはこの磁場を直接見ることはできないが，宇宙ダストの小さい粒子の向きが磁場でそろうというような効果を通して見ることができる．欧州宇宙機関（ESA）のプランク衛星は，全天にわたってこの粒子の整列を観測し，天の川内部と近くの銀河の両方について，その複雑な構造を明らかにした．それによると，恒星やダストが生まれているところで，パターンにゆがみや乱れが見てとれる．

A／おうし座分子雲
B／ペルセウス座分子雲
C／さんかく座銀河
D／ポラリスフレア
E／アンドロメダ銀河
F／ケフェウスフレア
G／へびつかい座ロー星
H／小マゼラン銀河
I／イータカリーナ星雲
J／大マゼラン銀河
K／ほ座分子雲
L／オリオン座分子雲

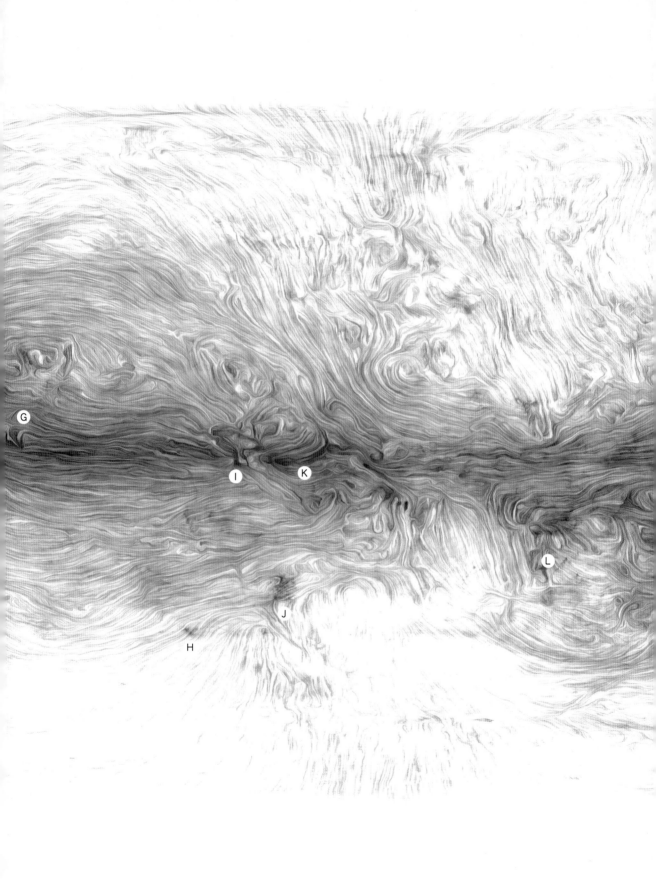

天の川銀河の構造

私たちが見ている恒星のほとんどは，太陽から数千光年以内にある．つまり，天の川銀河のスケールでみれば比較的近くにあることになる．初期のころの観測で，私たちのいる天の川銀河は円盤状の形をしており，その直径は約10万光年で，厚さは数千光年とわかった．1980年代の観測では，年老いた恒星の一部はさらに3万光年ほどの厚みがある円盤状に分布していることがわかった．円盤のまわりには，「ハロー」とよばれるほぼ球状の領域がありそこには数は少ないが恒星や星間物質が分布している．ハローの恒星は，天の川銀河の中で最も古いものである．また，ハローには多数の古い球状星団もある．

電波や赤外線で天の川銀河の地図をつくってみると，光をさえぎるダストを通して観測することができるので，3次元の地図をつくることができる．現在では，中心にある3万光年ほどの棒状の構造の端から，2つの大きな渦状腕が伸びていることがわかっている．これらの渦状腕は固定された構造ではなく，恒星がより高密度で集まっている場所であり，恒星の動きとは独立に動く．ちょうど，車が渋滞している場所が車の進行方向とは逆方向に移っていくのと同じだ．

ガンマ線ジェット
北フェルミバブル
バルジ
円盤
3,000光年の厚さ
銀河中心／ブラックホール
太陽
南フェルミバブル

2010年，NASAのフェルミ衛星は，天の川の中心から流れてくる熱いガスの泡があることを示す証拠を発見した．この泡は重い星の爆発でできたか，あるいは銀河中心にある巨大ブラックホールに関係したものだろう．

直径10万光年

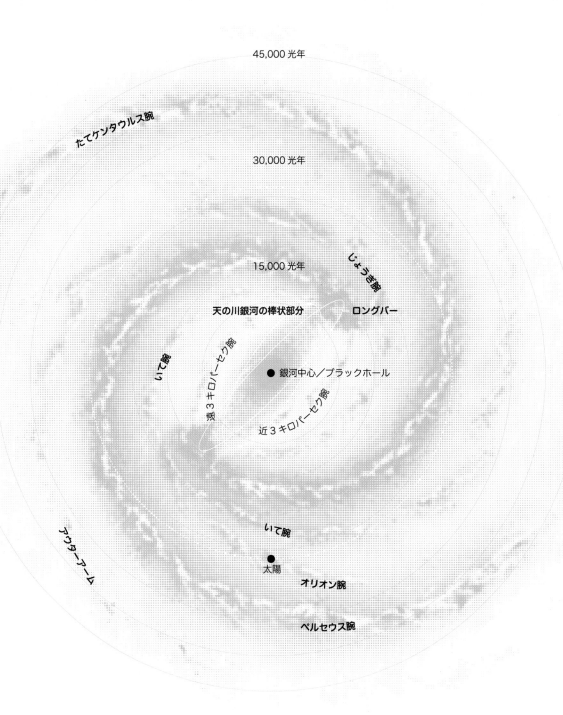

太陽は,2つの大きな渦状腕の間にある「オリオン腕」の中で,中心から2万8,000光年くらいのところで,円盤の中心面から少し下のところにある.

局部銀河群

天の川銀河は，数ある銀河の1つにすぎない．最も近くの銀河は，小さな不規則銀河の，大・小マゼラン銀河といて座矮小銀河である．最も近い大きな銀河はアンドロメダ銀河で，250万光年ほど離れている．

局部銀河群には，天の川銀河とアンドロメダ銀河に加えて50個ほどの矮小銀河があり，500万光年ほどの範囲に分布している．局所銀河群の外側には，2,500万光年ほどのところに40〜50個ほどの大きくて明るい銀河がある．これらの多くは銀河の集団をつくっており，局部超銀河団（5億光年の範囲に10万個の銀河がある）に対して8度傾いたパンケーキのような薄い形の領域に分布している．

しし座の方向に，M96銀河群という銀河の小さい集団がある．これは局部銀河群とは物理的に離れてはいるが，同じ局部超銀河団に属している．

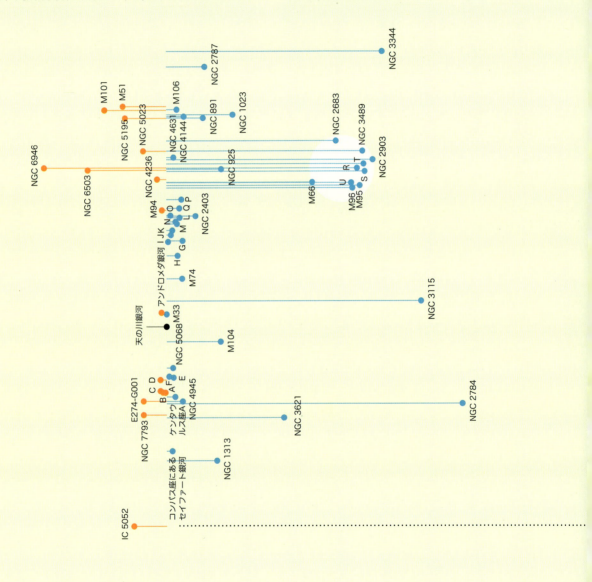

3万個の近傍銀河

宇宙空間を眺めてみると，銀河は一様に分布してはいないことがわかる．原始の宇宙を満たしていたガスから銀河が生まれたとき，引力によって銀河は集まっていった．銀河は巨大な集団の中にあり，天球を横切る長い流れに沿って並んでいる．私たちのいる天の川銀河は，近くの銀河団のほうへゆっくりと引っ張られているが，その銀河団自身も，グレート・アトラクターとよばれるずっと遠方にある超銀河団のほうへ引かれている．

観測できないところ（天の川の領域）

銀河動物園

1926年に，天文学者のエドウィン・ハッブル（Edwin Hubble）は，銀河を形によって分類する方法を提案した．これはハッブル系列とよばれているが，ハッブルの音叉図というほうが一般的かもしれない．片方の端には球形の銀河があり，もう片方には渦巻銀河がある．音叉の形になっているのは，渦巻銀河を，その中心に棒状の構造があるかないかで2つに分けたためだ．

　銀河を見え方によって分類することは，時間がかかるうえ，コンピュータにとっては驚くほど難しい仕事となる．2007年にスローン・デジタル・スカイ・サーベイによって何十万個もの銀河が発見されたが，天文学者たちはデータを処理する新しい方法を考えなければならなかった．彼らはGalaxy Zoo（galaxyzoo.org）というウェブサイトを立ち上げて，銀河がどのような形に見えるのか一般の人に分類してもらった．このサイトは，信じられないほどの成功をおさめて，2010年までには8万4,000人ほどの一般のメンバーが30万個を超える銀河について1,600万もの細かい分類を提供した．これまでで最も大きくて信頼できる銀河の形状についてのデータベースが作成された．

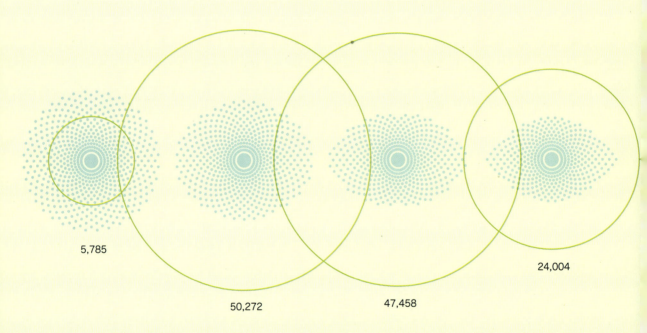

楕円銀河

○ 銀河の数

5,785　　50,272　　47,458　　24,004

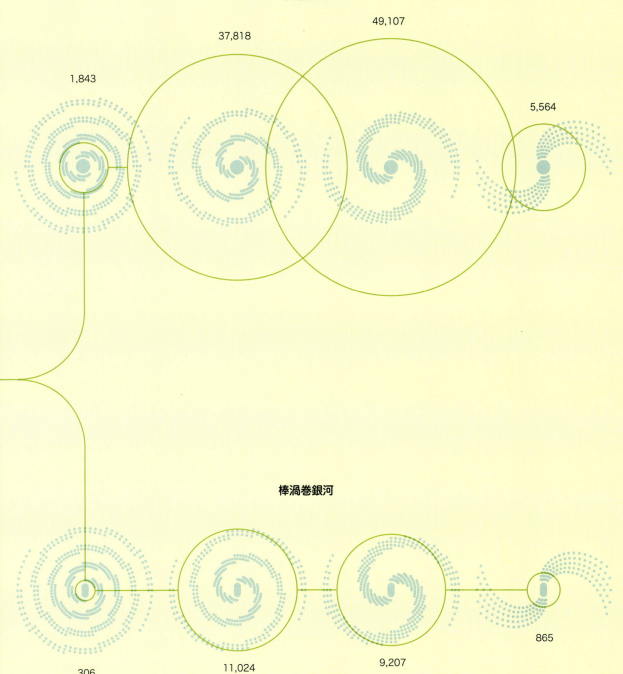

7章／宇宙論

空っぽの宇宙

宇宙空間には何もない．本当に空っぽだ．平均密度は，1立方メートルあたり水素原子1個にすぎない．

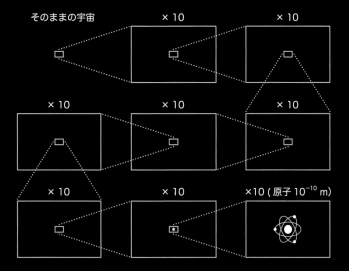

宇宙の概念

　宇宙とは，存在するすべてのものの総体である．宇宙を私たちがどう理解してきたか，またその中での私たちの位置というものは，過去数千年の間に大きく変わった．

　初期の考え方では，すべてではないにしても多くの場合，地球が宇宙の中心にある．地球のまわりに回転する球体があってそこに惑星が乗っており，その背後に恒星がある．恒星は，遠方にある太陽のようなもので，それぞれが独自の惑星をもつという考えもあった．

　プラトンの宇宙では，地球が中心にあり，そのまわりの回転する球体の上に惑星があった．しかし，この考え方では観測される惑星の動きを説明できなかった．そこでプトレマイオスは，中心が外れた円や周転円を導入した．つまり，惑星はある点のまわりを公転するが，その点も地球からずれた点のまわりを公転していると考えたのだ．

　中世では，宇宙の概念にまだプラトンの影響が残っていたが，当時の宗教上の教えを取り込み，さらには，ビンゲンのヒルデガルト（ドイツの修道女）の「コスミック・エッグ」のような奇抜な形の宇宙も出てきた．

　16世紀になると，数学と観測が重要な役割をもつようになる．コペルニクスは，太陽を中心にすえ，惑星は完全な円

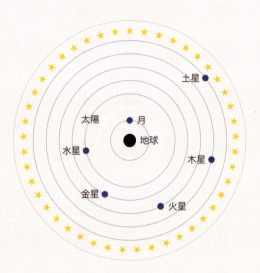

プラトン（Plato）
紀元前 427〜347 年

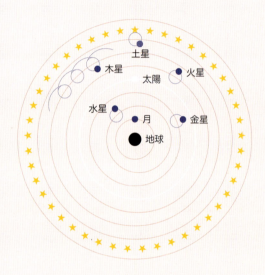

プトレマイオス（Ptolemy）＊
紀元前 2 世紀

トーマス・ディッグス（Thomas Digges）
1576 年

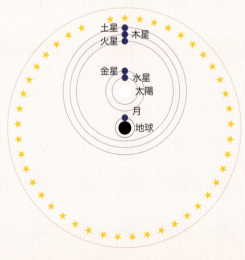

ティコ・ブラーエ（Tycho Brahe）
1583 年

＊訳注：この図では周転円の考え方のみ示されており，天体の相対的な位置関係などは正確に示されていない．

軌道でそのまわりを回ると考えたほうが計算は簡単になることに気づいた．

　トーマス・ディッグス（英国の天文学者）はこの考え方をさらに改良して，恒星がずっと遠方まであるとした．デンマークの天文学者のティコ・ブラーエは，自身の観測をもとに地球が宇宙の中心であることを主張しようとした．ただし，彼の考えは少し妥協したもので，太陽は地球のまわりを回っているが，他のすべての惑星は太陽のまわりを回っているとした．ケプラー（ドイツの天文学者）は，コペルニクスの太陽中心説に立ち戻ったが，さらに惑星が楕円軌道上を動くとした．

　啓もう主義が続くにつれて，観測と理論は進歩していった．トーマス・ライト（英国のアマチュア天文学者）とイマヌエル・カント（ドイツの哲学者）は，天の川の帯があるということは，恒星は私たちを取り囲む円盤状の領域に分布しているに違いないと考えた．さらに，私たちのいる天の川は，宇宙にある多くの星の集団の1つにすぎないということさえ示唆された．

　今日の観測は，私たちの祖先の時代の観測とは比べものにならないほど進んでいる．しかしこれまでもそうであったように，現在の私たちの考えもまだ完璧ではないのだろう．

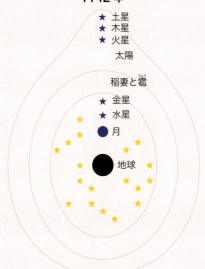

ビンゲンのヒルデガルト（Hildegaard of Bingen）
1142年

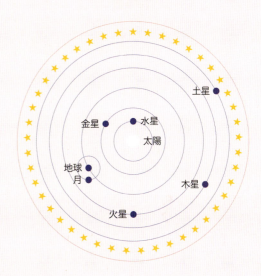

ニコラウス・コペルニクス（Nicolaus Copernicus）
1543年

トーマス・ライト（Thomas Wright）
1750年

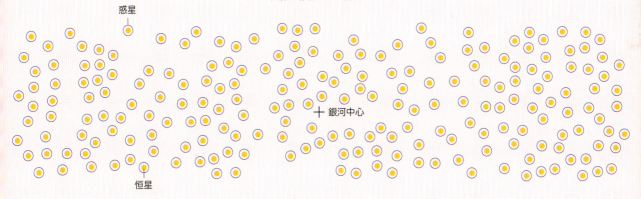

宇宙の距離はしご

宇宙の中で距離を測ることは，地球から離れられない私たちにとっては簡単ではない．近くにある物体なら，簡単な幾何学によって距離を測ることができる．しかし宇宙の遠くを見るとなると，別の手法が必要になる．多くの方法は，標準光源を探すことによっている．標準光源とは，私たちが真の明るさを知っているものであり，見かけの明るさと比較することで距離を知ることができる．方法によって，測定できる距離の範囲は異なる．もし1つの手法と別の手法が十分重なっていればつなげて使うことができ，いわゆる「宇宙の距離はしご」を構築することができる．ESA（欧州宇宙機関）のガイア（Gaia）人工衛星は，視差を使った方法で非常に遠方まで距離を測定している．

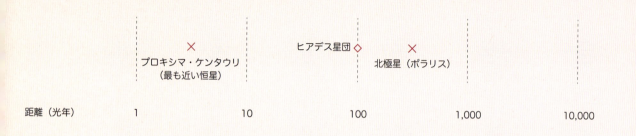

レーダー

太陽系の中の近い天体については，レーダーを使って直接距離を測ることができる．金星までの距離をレーダーで計測したことは，地球の軌道の大きさを決めるのに役に立った．

視差

目の前に指を立てて，それを片目ずつ交互に見ると，指の位置が背景の物体に対して動いて見える．これとまったく同じ手法を用いて，地球がその軌道上の片方の側とその反対側にいるときに星の位置を観測することで，星までの距離を測ることができる．位置の違いがより大きければ，天体がより近いということになる．

分光視差

もし，恒星が十分明るければ，その光のスペクトルを調べることができる．スペクトルの中の暗い吸収線を確認することで，その星の真の明るさを推定することができる．このことで，距離が推定できる．

主系列フィッティング

集団となっている星のすべてについて見かけの明るさと色を調べる．同一の集団では，すべての星が同時に誕生し，地球からの距離も同じと見なすことができる．これらの値を H-R 図（ヘルツシュプルング-ラッセル図）にプロットすると，主系列星とよばれるグループが見られる．この「主系列」が他の星の集団に対してどのくらい暗いか，あるいは明るいかを調べることで，相対的な距離を知ることができる．

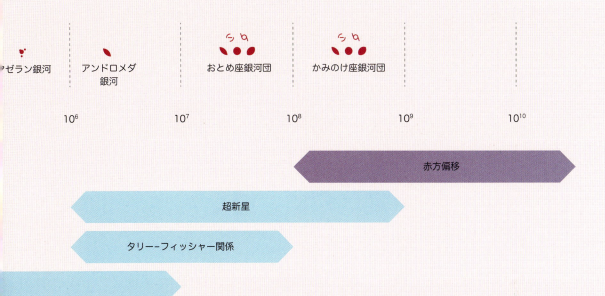

セファイド変光星

この種の変光星は，ふくらんだり縮んだりすることで明るくなったり暗くなったりする．その変光の周期は，真の明るさと関連している．周期を観測すると真の明るさがわかり，見かけの明るさと比較することで距離を知ることができる．

タリー–フィッシャー関係

1977年に天文学者のブレント・タリー（Brent Tully）とJ・R・フィッシャー（J. R. Fisher）は，渦巻銀河の回転速度が銀河の真の明るさに関係していることに気づいた．ドップラー効果を使って回転の速度を調べると，距離が推定できる．

超新星

タイプ Ia の超新星は，白色矮星が限界質量（太陽質量の1.44倍）に達すると爆発することで超新星となるものである．爆発は決まった質量で起こるので，爆発の明るさはどれでも同じである．真の明るさがわかっているので，見かけの明るさを測定することで，超新星までの距離がわかる．

赤方偏移

宇宙は膨張しており，遠方の銀河からの光が私たちに届くまでに光の波長は伸ばされて（赤方偏移を受けて）いる．波長がどのくらい伸びるかは銀河がどのくらい遠くにあるかに依存しているので，銀河のスペクトルを調べることで銀河までの距離がわかる．

宇宙の網目構造

銀河までの距離を測るには長い時間が必要である．特に，銀河が信じられないほど暗くて遠方にある場合にはなおさらだ．スローン・デジタル・スカイ・サーベイでは，専用の望遠鏡を使って何百万個もの銀河について距離を測定した．その距離は何十億光年にも達している．私たちのいる天の川銀河が邪魔にならない天域で，宇宙を薄くスライスした領域について調べてみると，明るい銀河だけを見たとしても，銀河団が網目のような構造をつくって分布しているのが見えてくる．

銀河は，何十億光年にも伸びる長い糸状に並んでいるように見える．この糸状の構造の間には巨大な空洞があり，そこにはほとんど銀河がない．このパターンは，遠方では銀河が暗くなって見るのが難しくなってしまうが，はるか彼方まで続いている．

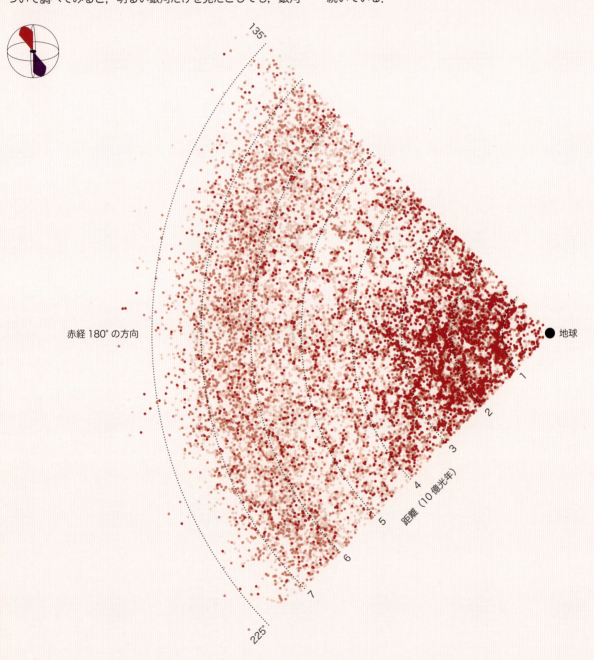

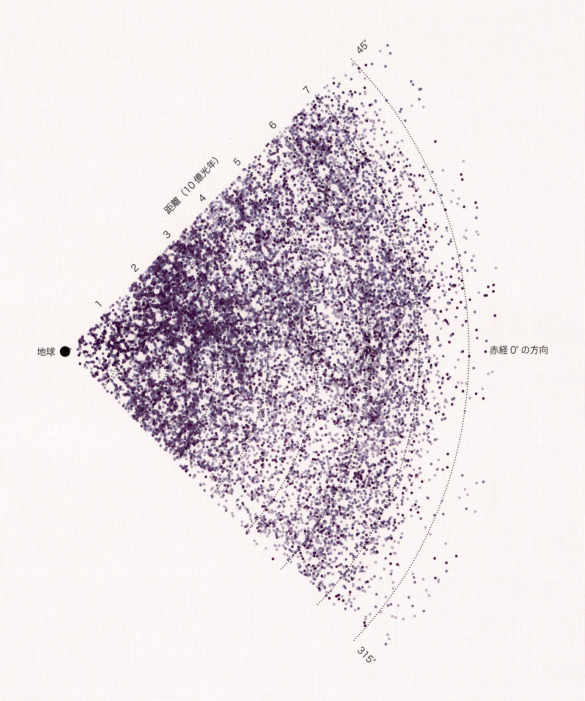

宇宙は何でできているか？

夜空を見るときまず目に飛び込んでくるのは恒星だが，実際のところ，恒星は宇宙全体のほんの一部にすぎない．質量で比較すると，光学望遠鏡では見えない星間ガスやダスト，素粒子に比べて，星は10分の1にすぎない．

しかし，これら通常の物質も，ダークマターと比べると5分の1しかない．この宇宙を構成する正体不明のダークマターは，光を出すこともなければ吸収することもないし，散乱することもない．ただ，重力的な影響を及ぼすだけだ．

しかし，ふつうの物質とダークマターを合わせてもまだ宇宙の3分の1でしかない．宇宙のエネルギーの大部分は，本当に不可思議な「ダークエネルギー」によるものなのだ．このダークエネルギーは，銀河団同士の距離を広げ，宇宙全体の膨張を加速させる働きをもつ．

- ダークエネルギー 68.3%
- ダークマター 26.8%

通常の物質 4.9%
- 恒星 0.5%
- ガス 4%
- ニュートリノ 0.3%
- ダスト ＜0.1%

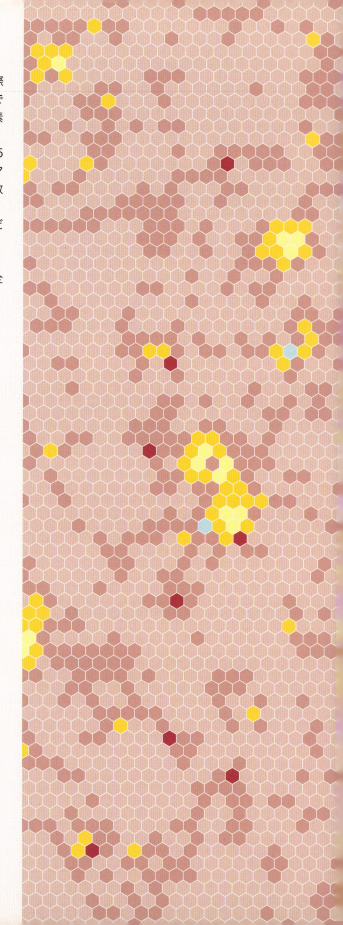

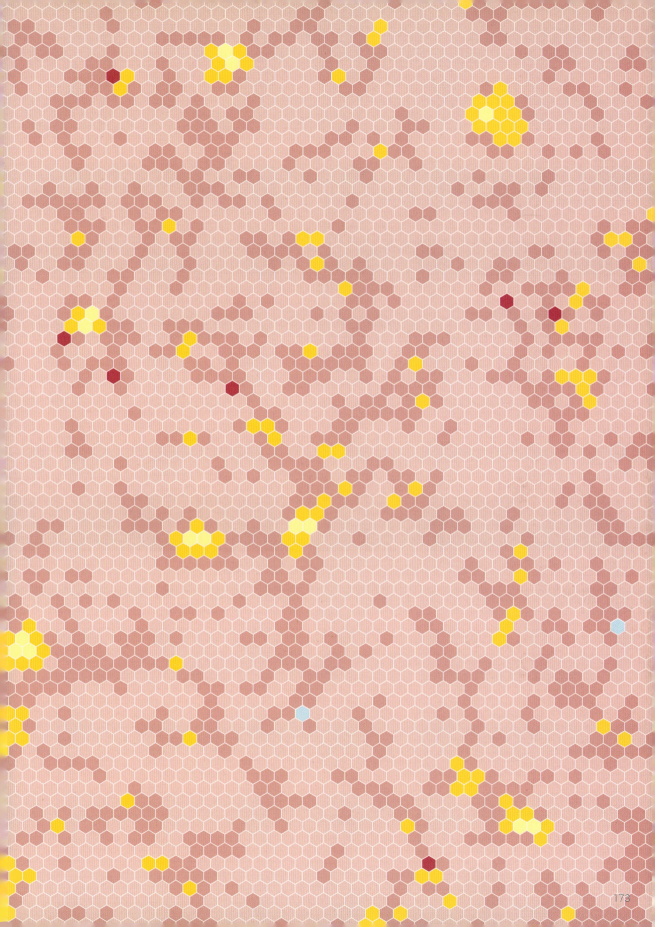

宇宙の進化

現在の物理学の理論では，宇宙がまさに始まった瞬間については正しい状況を述べることはできないが，かなり始まりに近いところまでせまってきた．超高温にもかかわらず，宇宙誕生の最初の1秒以下の時間に起こったプロセスを理解することができるのだ．

膨張するにつれて宇宙は冷えていき，最初の3分間で私たちをつくっている物質の構成要素がつくられた．38万年後までは温度が高かったため中性原子が存在することはできず，最初の宇宙は不透明なものだった．そして，数億年後には最初の恒星が生まれたと考えられており，続く10億年ほどで銀河がつくられた．宇宙で最も大きな構造である超銀河団は，私たちがまだよく理解していないビッグバン直後の1秒に満たない期間にあった，小さな量子ゆらぎに依存していると考えられている．

1990年代までには，宇宙の未来もわかったと思われていた．しかし1998年，遠方の超新星の観測から，約40億年前に予想していなかったことが起こったことがわかった．宇宙の膨張速度が不可思議な「ダークエネルギー」に押されて，加速され始めたように見えるのだ．膨張の加速は実際に起こっているようだが，ダークエネルギーが何なのか誰もわかっていない．

—— 見える宇宙の半径

宇宙背景放射
38万年／3,000 K
電子が原子核と結合して最初の原子ができる．宇宙は晴れ上がり，中性のガスで満たされている．宇宙の暗黒時代が始まる．

物質優勢
5万年／10,000 K

軽い原子核が誕生
3分／10億 K

量子ゆらぎ

時間の始まり A　B　C　D　　E　　F

インフレーション
（宇宙初期の加速的な膨張）

A　プランク時代—物理過程不明
10^{-43} 秒／10^{32} K*
量子重力が量子ゆらぎをつくる．

B　インフレーション開始
10^{-36} 秒／10^{28} K
量子ゆらぎがマクロなスケールに拡大する．

C　インフレーション終了
10^{-32} 秒／10^{27} K
宇宙はほとんど完全に一様だった．輻射優勢の宇宙（電磁波が宇宙のエネルギーの大半を占めている）．

D　素粒子の誕生
10^{-10} 秒／10^{15} K
クォークができ，最後には電子やニュートリノができる．

E　陽子の誕生
10^{-6} 秒／1兆 K
陽子や中性子ができる．

F　反物質（構成する素粒子の電荷などが逆の性質をもつ粒子からできた物質）の消滅
1秒／100億 K
宇宙のほとんどの物質はダークマター．

＊K：絶対温度の単位（ケルビン）．0℃＝273.15K．

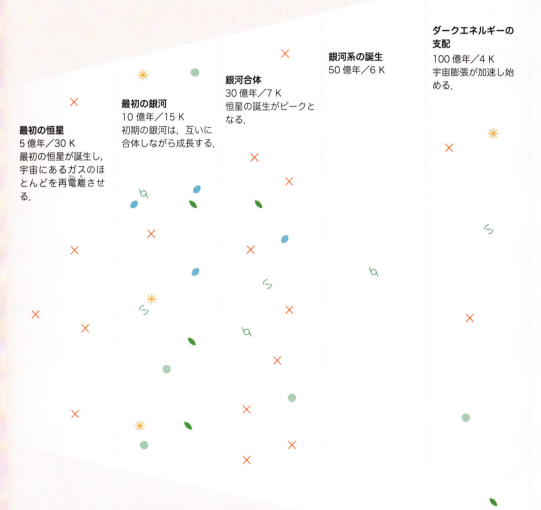

現　在
138 億年／2.7 K

ダークエネルギーの支配
100 億年／4 K
宇宙膨張が加速し始める．

銀河系の誕生
50 億年／6 K

銀河合体
30 億年／7 K
恒星の誕生がピークとなる．

最初の銀河
10 億年／15 K
初期の銀河は，互いに合体しながら成長する．

最初の恒星
5 億年／30 K
最初の恒星が誕生し，宇宙にあるガスのほとんどを再電離させる．

パワーズ・オブ・テン

最も小さい素粒子から宇宙全体まで，宇宙のスケールは本当に広大だ．

　大きさを理解する試みの1つとして，想像できないくらい小さい陽子（原子核を構成する正電荷をもつ粒子）から始めてみよう．まず，10倍に範囲を広げると，原子核が見えてくる．10万倍に広げると水分子の大きさになり，さらに10倍にするとDNAのらせんが見えてくる．さらに1万倍の大きさにすると，人間の髪の毛の幅くらいの大きさになり，日常生活レベルのサイズになる．

　天文学は巨大なスケールを扱うので，大きすぎて想像できないことがよくある．地球の近くでさえ，たとえば月までの距離38万kmは，人間的な感覚からするとすでに巨大な距離だ．天文学における距離の基本単位は「光年」だが，1光年は1,000万kmの100万倍にもなる．このような単位を使っても，まだ数字は巨大になる．私たちの天の川銀河に最も近い大きな銀河であるアンドロメダ銀河までの距離は，200万光年以上だ．

　このような大きなスケールで見る宇宙は，最も小さなスケール（原子の世界）を見るのと同様に空っぽである．どのように眺めてみても，宇宙空間は空っぽなのである．

μm／マイクロメートル（1 mm の 1,000 分の 1）
nm／ナノメートル（1 μm の 1,000 分の 1）
pm／ピコメートル（1 nm の 1,000 分の 1）
fm／フェムトメートル（1 pm の 1,000 分の 1）

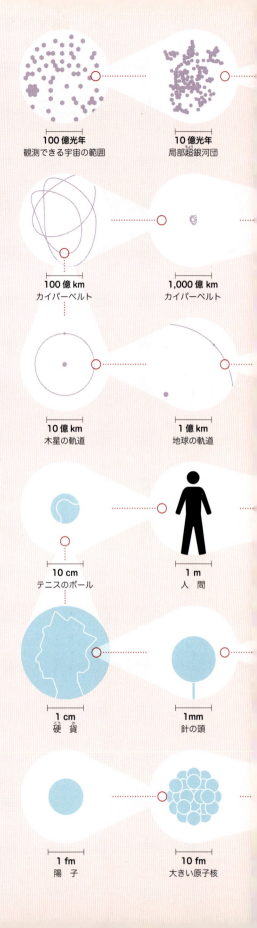

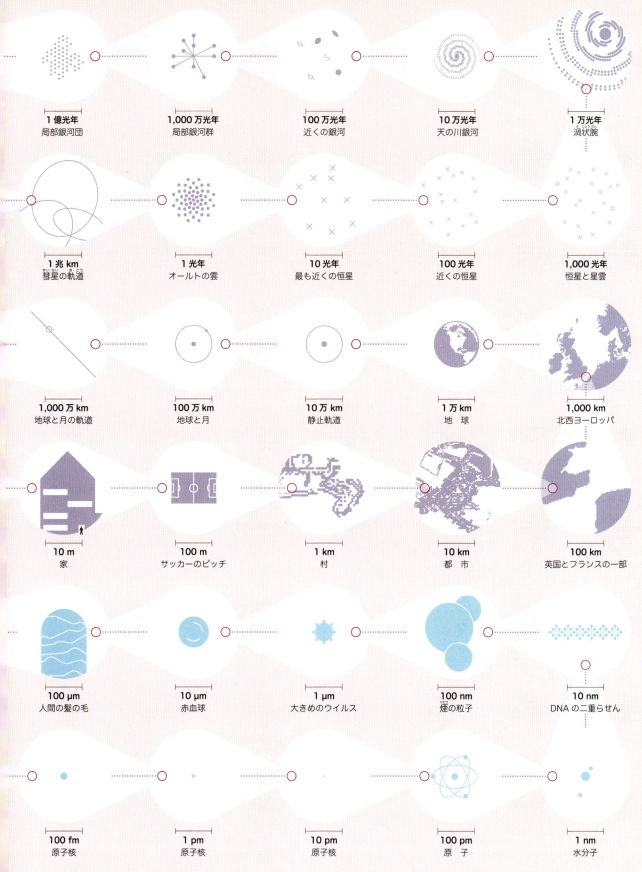

8章／ほかの世界

系外惑星を探す

太陽以外の恒星のまわりを回っている惑星が系外惑星だ．長い間，太陽系以外にも惑星系があるはずだと思われてきたが，1990年代になってようやく系外惑星を確認できる技術が開発された．ではどのように探しているのか，その手法をいくつか紹介する．

● 恒星の増光で（マイクロレンズ法）

地球から見て，1つの恒星が別の恒星の前を通過する現象がまれに起こる．この現象が起こったときに，手前の恒星の重力によって後ろの恒星の光が曲げられて，その光が明るくなる．もし手前の恒星に惑星があれば，惑星も後ろの恒星の光を強めることになり，後ろの恒星の明るさの変化に小さな増光が生じる．この方法では小さな惑星も見つけることができるが，残念なことにこの現象は，1回きりで，数週間しか続かない．その後も継続して観測することは難しい．

● 写真の撮影で（直接撮像法）

恒星は惑星に比べて非常に明るいので，恒星のまわりにある惑星を見るのは難しい．野球場の屋外照明のすぐそばにいるハエを見るようなものだ．少しでも発見の可能性を高めるため，惑星がより明るく見える赤外線を使うことができる．たとえば太陽は，可視光線では木星の10億倍くらい明るいが，赤外線では100倍程度となる．さらに可能性を上げるために，中心の恒星からの光をさえぎる試みもある．この方法では，より温度が高くてより中心星から離れたところにある惑星を見つけやすい．

● 恒星の左右の動きで（位置天文学法）

動かない恒星のまわりを惑星が回っていると考えがちだが，実際はもっと複雑だ．恒星と惑星の両方が，共通の重心のまわりを回っているのだ．もし，恒星の位置をある期間，非常に正確に計測したら，恒星が軌道運動をしていることがわかるだろう．恒星の軌道運動は，惑星がより大きな軌道にあるときのほうが大きくなる．恒星の動きは非常に小さいため，この手法は信じられないくらい難しい．しかし，欧州宇宙機関（ESA）のガイア（Gaia）衛星は，この手法で多くの系外惑星を発見することが期待されている．

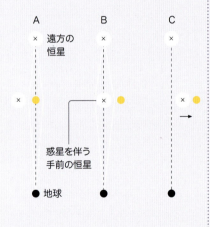

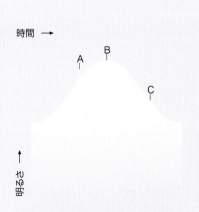

A／惑星による光のわずかな屈折による
B／恒星による光のわずかな屈折による

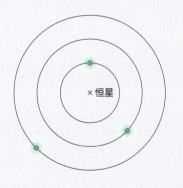

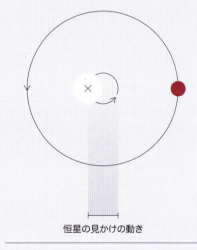

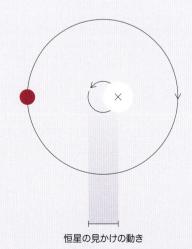

● パルサーの時計で
　（パルサー・タイミング法）

一番最初に確認された系外惑星は，パルサーとよばれる星のまわりを回る惑星だった．パルサーは，灯台のように宇宙に電磁波のビームを発する天体で，パルサーからの信号はとても正確な時計の役割を果たす．非常に精密に計測すると，パルサーが共通重心のまわりを回ることでこの精密な時の刻みが変化することがわかる．この手法で惑星が発見されたのは驚きだ．なぜなら，パルサーは超新星爆発で形成されるが，超新星爆発後も惑星が生き残っているとは思われていなかったからだ．

● 恒星のウインクで
　（トランジット法）

もし惑星の軌道面が地球の方向と並行になっていれば，惑星は中心の恒星と地球の間を通過する．つまり，惑星が中心の恒星の前を通過するときにごくわずかながら恒星の光を隠すことになる．どのくらい恒星が暗くなるかは惑星の大きさにより，大きな惑星ほど多くの光をさえぎる．恒星が暗くなる現象は，惑星が恒星のまわりを公転するたびに起こるので，暗くなる時間間隔を測れば惑星の公転周期がわかる．

● 恒星のぐらつきで（視線速度法）

恒星が軌道運動をすると，少しだけ地球に近づいたり地球から遠ざかったりする．地球に近づく方向に動くときには，ドップラー効果によって光が少しだけ青いほうに変化する（波長が短くなる）．遠ざかるときは，光は少しだけ赤いほうに変化する（波長が長くなる）．恒星のスペクトルを観測することで，恒星の動きがわかり，そこから惑星の有無を推定できる．この方法では，大きな惑星ほど発見しやすい．なぜなら，大きな惑星ほど恒星を大きくぐらつかせるからだ．また，より小さな軌道をもつ惑星ほど発見しやすい．なぜなら，恒星の動きがより速くなるからだ．

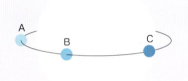

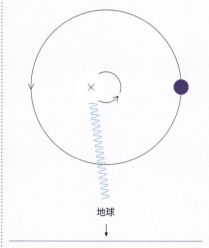

地球

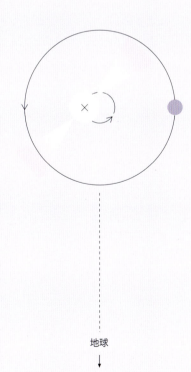

地球

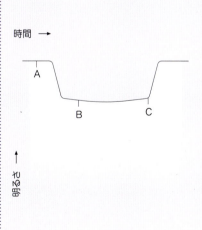

時間 →

明るさ

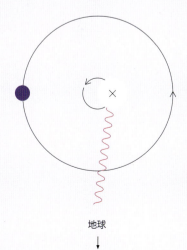

地球

181

系外惑星の発見の推移

太陽以外の恒星のまわりに初めて惑星が発見されたのは，1989年のことだった．その発見は暫定的なもので，1992年になってさらに3つが発見されることになる．ただ，予想外にもそれはパルサーである中性子星のまわりに発見された．1995年には，太陽に似た恒星のまわりに 51 Peg b（ペガスス座51番星b）が発見された．そしてこれを皮切りに，その後たくさんの発見が続く．

2009年，NASAのケプラー衛星が打ち上げられ，トランジット法による系外惑星探しが行われた．トランジット法とは，惑星が公転するときに中心の星に重なって星の明るさが少し暗くなるのを検出する方法である．このミッションは大成功を収め，現在知られている系外惑星の半分以上を発見している．ケプラーは惑星を探し続けており，2016年でも運用されているので，さらに多くの系外惑星を発見するに違いない．

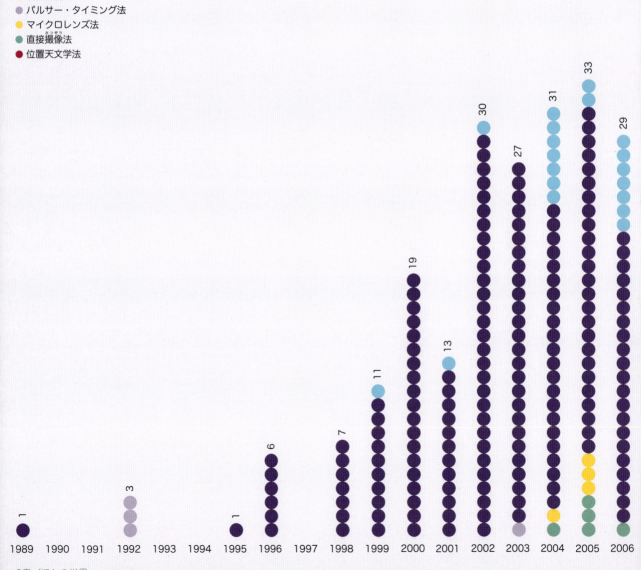

8章／ほかの世界

すべての既知の系外惑星

現在，1,800個以上の惑星が，恒星のまわりを回っていることが確認されている．この数は急速に増えており，あなたが本書を読むときには時代遅れの数になっているだろう．すべての系外惑星をサイズ比を保ったまま並べてみると，最初に気がつくのは，大きな惑星の数だろう．これは，木星よりも大きな惑星が実際にたくさん存在することにもよるが，私たちの惑星探しの技術では大きな惑星のほうがずっと見つけやすいことにもよる．装置や技術が進歩するにつれ，地球と同じくらいの大きさの惑星もよりたくさん見つかると期待される．

- ● トランジット法
- ● 視線速度法
- ● パルサー・タイミング法
- ● マイクロレンズ法
- ● 直接撮像法
- ● 位置天文学法

25 × 地球の直径

15

5

・ 地球の直径

HD 176051／69,530 km

Tau Boo b（うしかい座タウ星 b）／74,370 km

OGL-2008-BLG-355L／74,370 km

太陽系

木星の半径／69,911 km

8章／ほかの世界

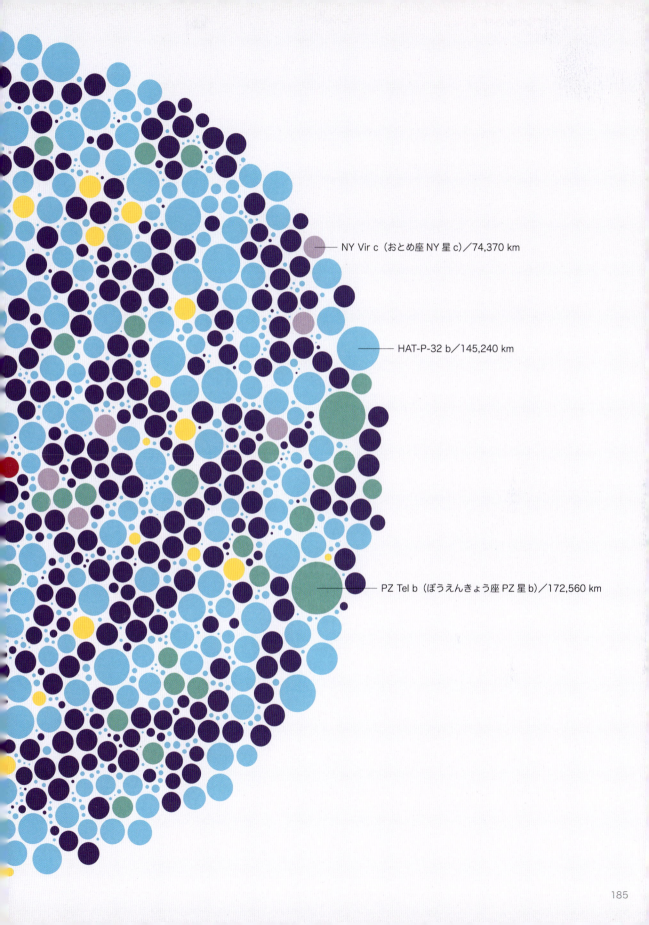

惑星系

現在，1,180 個を超える惑星系が知られている．多くは私たちのいる太陽系とはまったく異なっており，中心星の近くにスーパー・ジュピター（質量の大きな木星型の系外惑星）がある．中心星に非常に近いので，これらの惑星は強烈に暑く，生物が住むのは難しそうだ．

私たちが知りたい最大の疑問は「私たち（および宇宙生命）が住める惑星はあるのか」ということだ．生物が住める惑星の第一の条件は，中心の星からちょうど適した距離にあって暑すぎず寒すぎず，水が液体で存在できることだ．この生命が生存できる領域を，ハビタブル・ゾーンとよぶ．ちょっとでも中心星に近ければ，水は沸とうしてしまうし，逆にちょっとでも遠ければ，水は凍ってしまい，生物にとって厳しい環境となる．最近，このハビタブル・ゾーンに惑星があるような惑星系がいくつか発見されてきた．これまでのところ，太陽よりも小さくて温度の低い恒星のまわりに，そのような惑星が発見される傾向にある．

● ハビタブル・ゾーン
◌ 地球軌道の大きさ

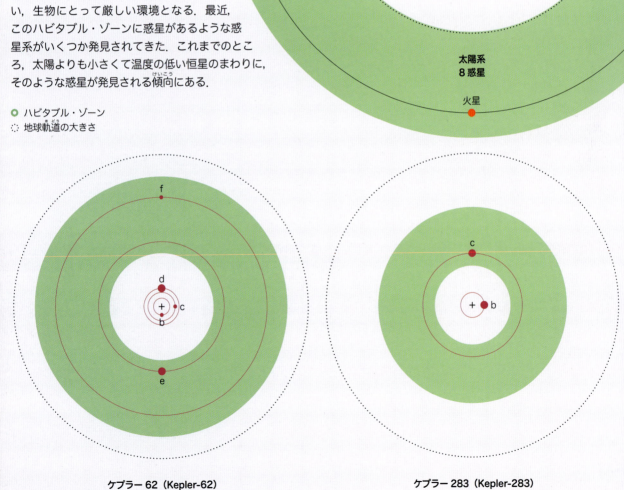

太陽系
8 惑星

ケプラー 62（Kepler-62）
5 惑星

ケプラー 283（Kepler-283）
2 惑星

8章／ほかの世界

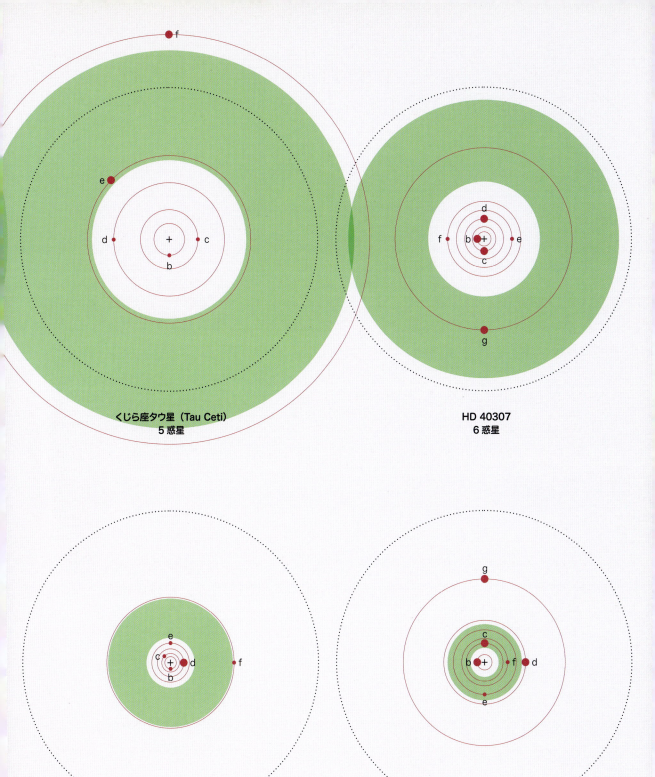

地球に似た天体

ハビタブル・ゾーンにある惑星は，生命が生存できる表面温度ではあるものの，地球と同じというわけではない．たとえば，木星のようにずっと質量が大きいこともあり得るし，逆にケレスのように小さい場合もある．人類にとってはさらに，水がたやすく得られること，ちょうどよい重力があること，そしておそらく固体の表面があることが必要になる．水についてはすぐには答えられないが，多くの系外惑星は，およその表面温度や表面重力の値，岩石の表面をもつのかガスの惑星なのかについては推定できる．これらの推定値から，地球に似た惑星がどのくらいあるのかを見積もることができる．過去25年にわたる長い道のりを経て，ここまでたどり着いた．

- ● 太陽系の天体
- ◀ 系外惑星

- ● 地球の直径
- ○ 3 × 地球の直径
- ◯ 10 × 地球の直径
- ◯ 30 × 地球の直径

↑ 地球に似ていない

重力と密度の組み合わせ

HD 40307 G／−46℃／2.1 G／1.2
ケプラー 283 c／−25℃／2.1 G／1.2
グリーゼ 832 c／−20℃／1.9 G／1.1
ケプラー 62 e／−12℃／1.7 G／1.1
くじら座タウ星 e／9℃／1.7 G／1.1
グリーゼ 682 b／21℃／1.7 G／1.1
グリーゼ 667／1.6 G／1.1
ケプラー 296 e／−6℃／1.5 G／1.0
HD 85512 b／24℃／1.6 G／1.0
ケプラー 186 e／46℃／1.3 G／1.0

地球に似ている
↓

ケプラー 438 b／3℃／1.0 G／0.9

地球／15℃／1.0 G／1.0
天体名／表面温度／表面重力／地球との密度比

← 適温／地球に似ている

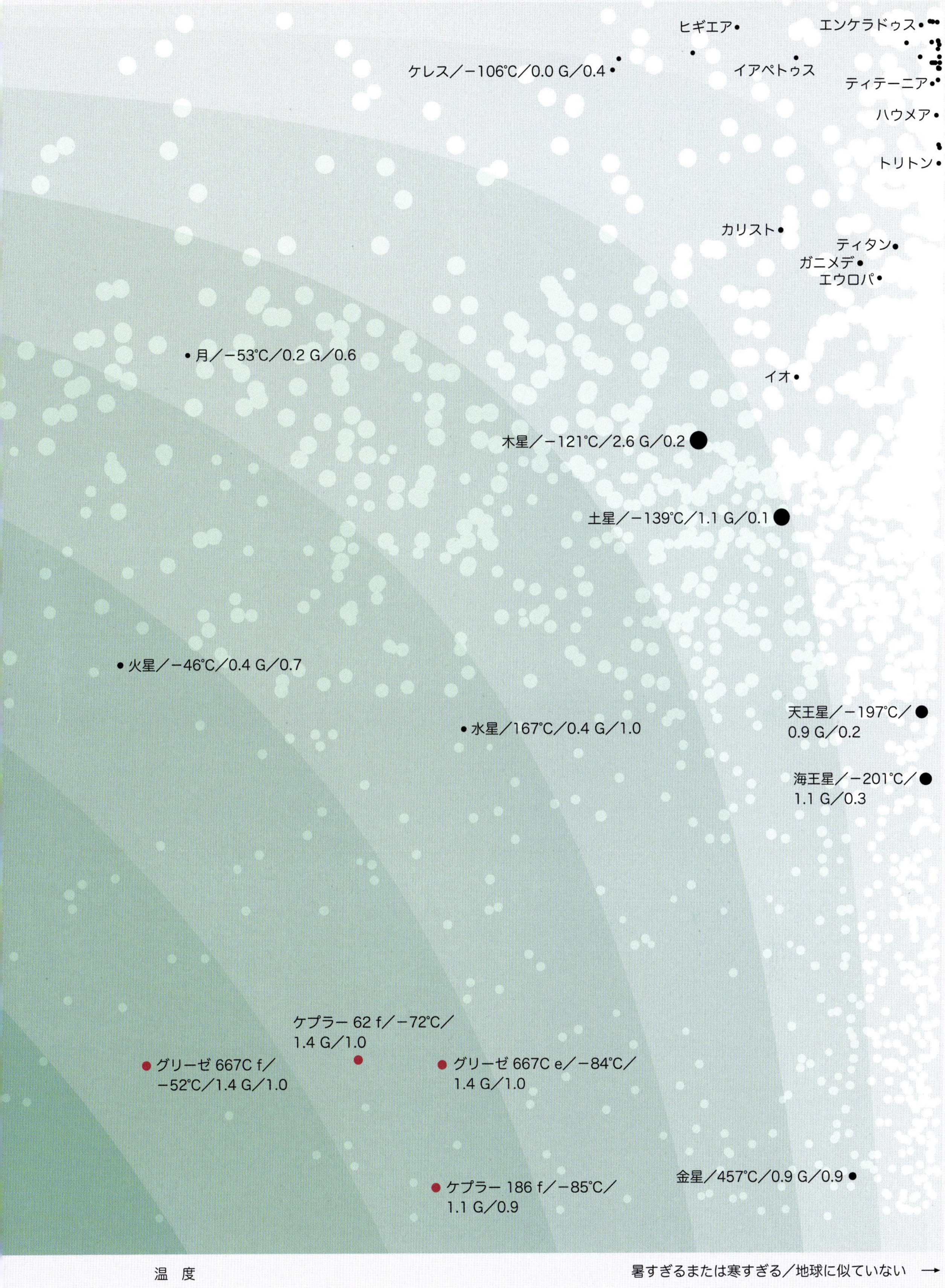

ヒギエア・
エンケラドゥス・
ケレス／−106℃／0.0 G／0.4・
イアペトゥス・
ティテーニア・
ハウメア・
トリトン・

カリスト・
ティタン・
ガニメデ・
エウロパ・

・月／−53℃／0.2 G／0.6

イオ・

木星／−121℃／2.6 G／0.2 ●

土星／−139℃／1.1 G／0.1 ●

・火星／−46℃／0.4 G／0.7

・水星／167℃／0.4 G／1.0

天王星／−197℃／●
0.9 G／0.2

海王星／−201℃／●
1.1 G／0.3

ケプラー 62 f／−72℃／
1.4 G／1.0

・グリーゼ 667C f／
−52℃／1.4 G／1.0

・グリーゼ 667C e／−84℃／
1.4 G／1.0

・ケプラー 186 f／−85℃／
1.1 G／0.9

金星／457℃／0.9 G／0.9 ●

温 度　　　　　　　　　　　　　暑すぎるまたは寒すぎる／地球に似ていない　→

私たちは孤独なのか？

私たちは，まだ地球以外で生命を見つけていない．しかしこれは，宇宙の中で私たち地球人しか存在しないという意味ではない．宇宙空間は広大で，私たちはまた探し始めたばかりなのだ．

1961年，電波天文学者のフランク・ドレイク（Frank Drake）は，銀河系の中の，私たちがコミュニケーションできる知性をもった文明の数を推定する計算式を提唱した．その計算式は，生命が存在するのに何が必要なのかを考える手助けになるものだった．この式ではまず，生命が存在できる恒星や惑星であるという可能性を調べるところから始まる．次に，生命が自分の存在を他に知らせようと決心する段階まで進化する確率を推定している．この計算式が提案されてから何年も経ち，いくつかの確率についてはより正確な値を推定できるようになった．しかし，最も誤差が大きいのは，文明がどのくらいの期間存在するかである．

私たち地球人も，コミュニケーションがとれる状態になってからまだ1世紀足らずなのだ．私たちはどのくらいの期間，自滅しないでいることができるだろうか？

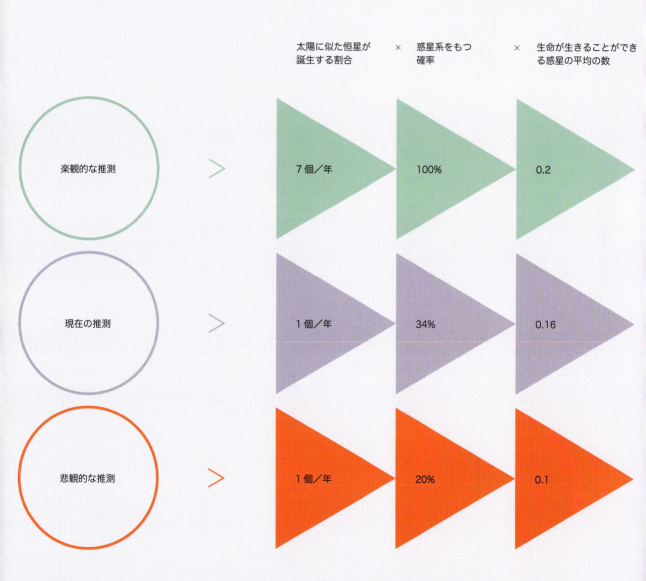

限界

計算式にはいくつかの前提があるが，とりわけ生命には太陽のような恒星と惑星が必要であるとしている．これは，限定しすぎかもしれない．近年，海の底の熱水噴出孔のまわりで生命が存在することが発見された．このような噴出孔は，太陽とはまったく独立して，エネルギーや栄養物を生命に供給している．似たようなことがエンケラドゥスやエウロパといった衛星でも起こっている可能性がある．これらの衛星では，母惑星との潮汐相互作用によってエネルギーが供給されている．

生命は，惑星や衛星を必要とするだろうか？ 顕微鏡でようやく見えるサイズのクマムシは，かなり広い温度範囲，多量の放射線照射量，そして真空状態でさえ生き延びることができるという実験結果がある．下等な生命は，私たちが思っていたよりもずっと過酷な環境に対応していけるのだ．

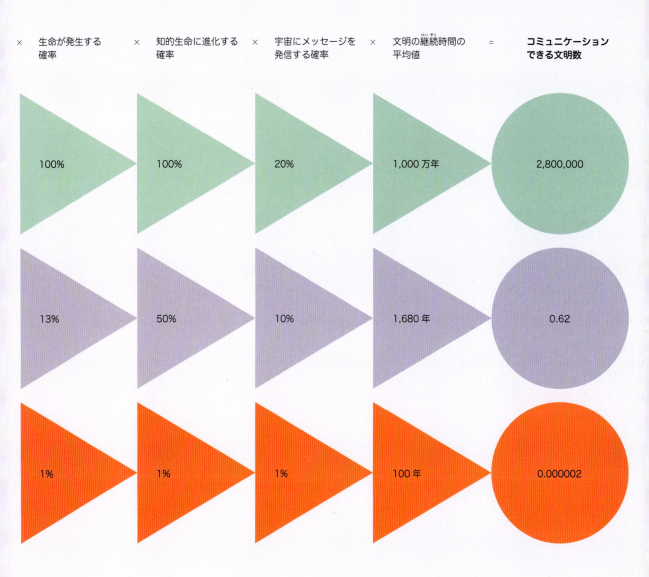

地球からの絵はがき

太陽系を脱出する探査機を打ち上げたとき，その探査機を見つけてくれるかもしれない地球外生命へのメッセージを搭載していた．2機のパイオニア探査機（パイオニア10号と11号）には，リンダ・サルズマン・サガン（Linda Salzman Sagan），カール・セーガン（Carl Sagan），フランク・ドレイク（Frank Drake）による挿絵が入った金めっきされたアルミニウム板が載せられている．

2機のボイジャー探査機（ボイジャー1号と2号）には，ゴールデンレコードが載せられている．どの探査機も数万年は他の惑星系に接近することはない．ET（地球外生命体）は，メッセージを解読できるだろうか？　あなたにはこのメッセージがわかるだろうか？

パイオニア探査機の金属板
幅 229 mm × 高さ 152 mm

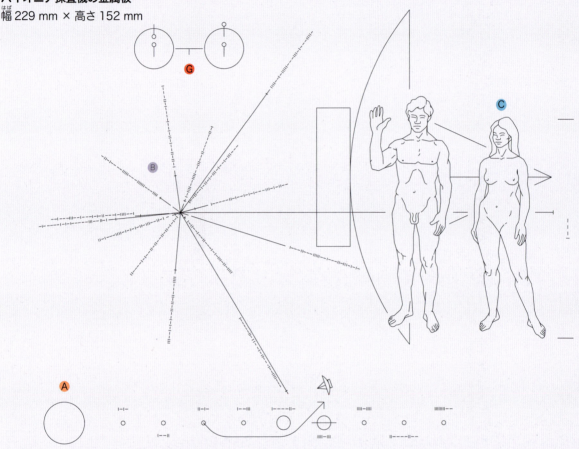

A 太陽系
太陽系を示した図に，探査機の軌道が線で描かれている．軌道の線に描かれている矢印は，狩猟採集をしていた時代の記号だが，他の生命体に正しく認識してもらえるかどうか議論が分かれている．描かれた天体は，位置の間隔が実際と合っていないし，必ずしも大きな天体を描いたわけでもないので，実際の太陽系を同定するときに混乱するだろう．

B パルサーマップ
この図は，太陽から見た14個のパルサーの位置を示したもので，線の長さはパルサーまでの距離に対応している．線に沿った記号は，探査機打ち上げ時のそれぞれのパルサーが発する信号の周期を，水素原子からの電波の周期に対する数値にして，二進数で書いたものである．右に向かう水平方向の線は，銀河系の中心方向を示す．

C 女性と男性
人間を探査機のスケールに合わせて描いたもの．人間の描写は，宇宙生命にとって，解読するのが難しいかもしれない．

ボイジャー探査機のゴールデンレコード
直径 305 mm

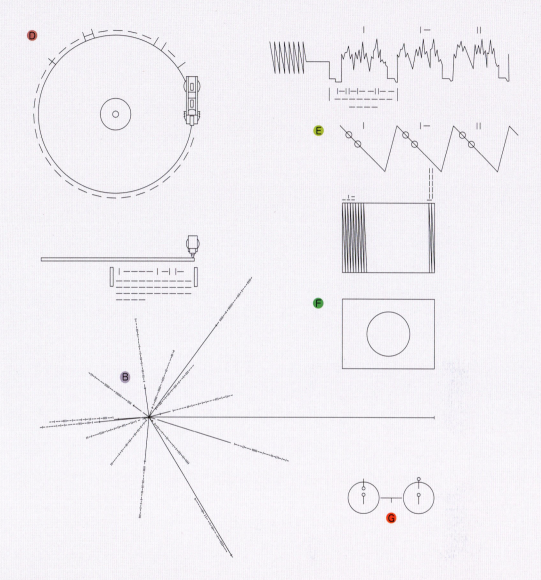

D 聞き方の説明
ゴールデンレコードの平面図と立面図がレコードプレーヤーの針とともに描かれている．レコードのまわりには，演奏の速さが，水素原子が出す電磁波の周期を基準にした時間として二進数で記載されている．

E ビデオ信号
このイラストは，ビデオ信号を再生する方法を示している．最初の部分は，レコードをかけることで生成される波形である．つぎの長方形は，二進数から画像を生成するところを示しており，512本の縦線がある．そして，その下の長方形は，地球外知的生命体が作業に成功したときに最初に現れるイメージである円を示している．

F 内容
このビデオには，116の画像と，バッハからチャック・ベリーに至るまでのいろいろな音が入っている．

G 水素原子
この図は，宇宙で最も普遍的に存在している水素原子のエネルギー遷移を示したものである．これは1,420.406 MHzの周波数で21 cmの波長の電磁波であり，他の図における基準を与えるものとなっている．

地球からのよびかけ

1974年，アレシボ電波望遠鏡の天文学者たちが球状星団M13の方向に画像を送信した．この星団は30万個ほどの恒星が集まっているもので，ヘルクレス座の方向へ2万5,000光年の距離にある．

送信は，二進法のコードをつくるために，2,380 MHz近くの2つの少しだけ異なる周波数で交互に送信する方法で行われた．合計で，1679個の二進数が送信された．この数は，2つの素数の積となっている．期待しているのは，地球外生命がその数の特性に気づいてメッセージを23×72に並べることだ．地球外生命がうまくデータを並べることができたとしても，彼らはそのデータがつくるイメージが何を意味しているのかについて考えなければならない．それが地球外生命にとってどのくらい難しいことなのかはよくわからない．人類にとってもそれはやさしいことではなく，そのことが私たちからのメッセージなのだ．

不運なことに，その星団は今後2万5,000年で動いてしまうので，そこに文明があったとしても信号が届かないのである．すぐに返事が来ないことだけは確かだ．

二進法での1から10までの数字の表現．

DNAをつくっている元素である水素，炭素，窒素，酸素，リンについて，原子番号を二進法で表したもの．

DNAの化学構成要素を示したもの．

DNAの二重らせんのイメージ．中央には，ヒトのゲノムの中にあるヌクレオチドの数（1人の人間の全遺伝情報の文字数にあたるもの）が二進数で示されている．

人間がDNAの鎖と関係していることを示す図．人類の数（メッセージを出したときには40億）が右側に記載されている．

太陽系の図．地球が上方にずれていて，人間の図に合わせて中心に配置してある．

プエルトリコにあるアレシボ電波望遠鏡のパラボラアンテナの図．アンテナの大きさが二進数で記載されている．

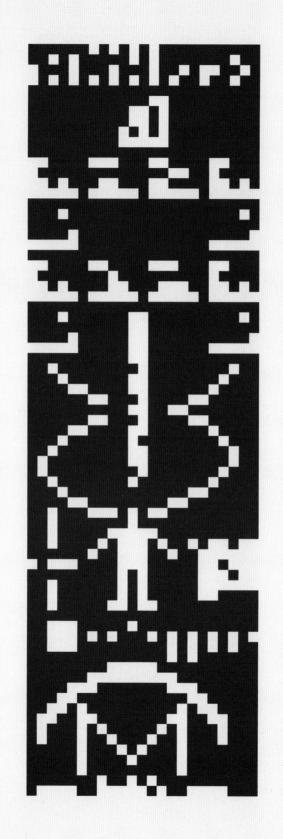

電波の球

テレビやラジオ放送の電波の一部は，宇宙空間に漏れている．この電波は，何にも邪魔されずに地球のまわりに光の速度で球状に広がっていく．原理的には，非常に高感度の電波望遠鏡をもっている宇宙の文明ならこの放送を受けて聞くことができるのだ．熱心な宇宙人のリスナーが私たち地球人の歴史のどこまでを知っているかは，彼らがどのくらい離れたところにいるかによって決まる．

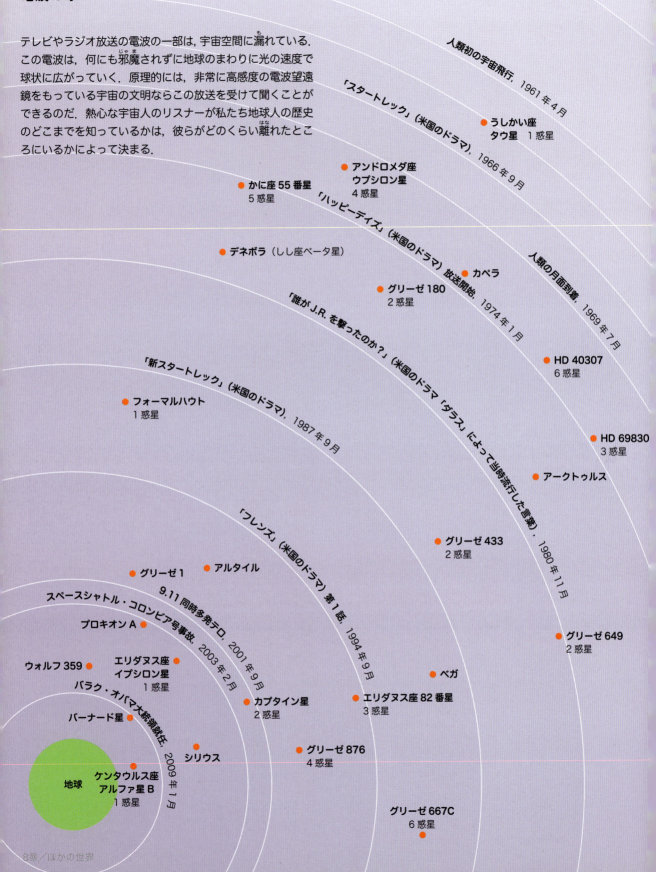

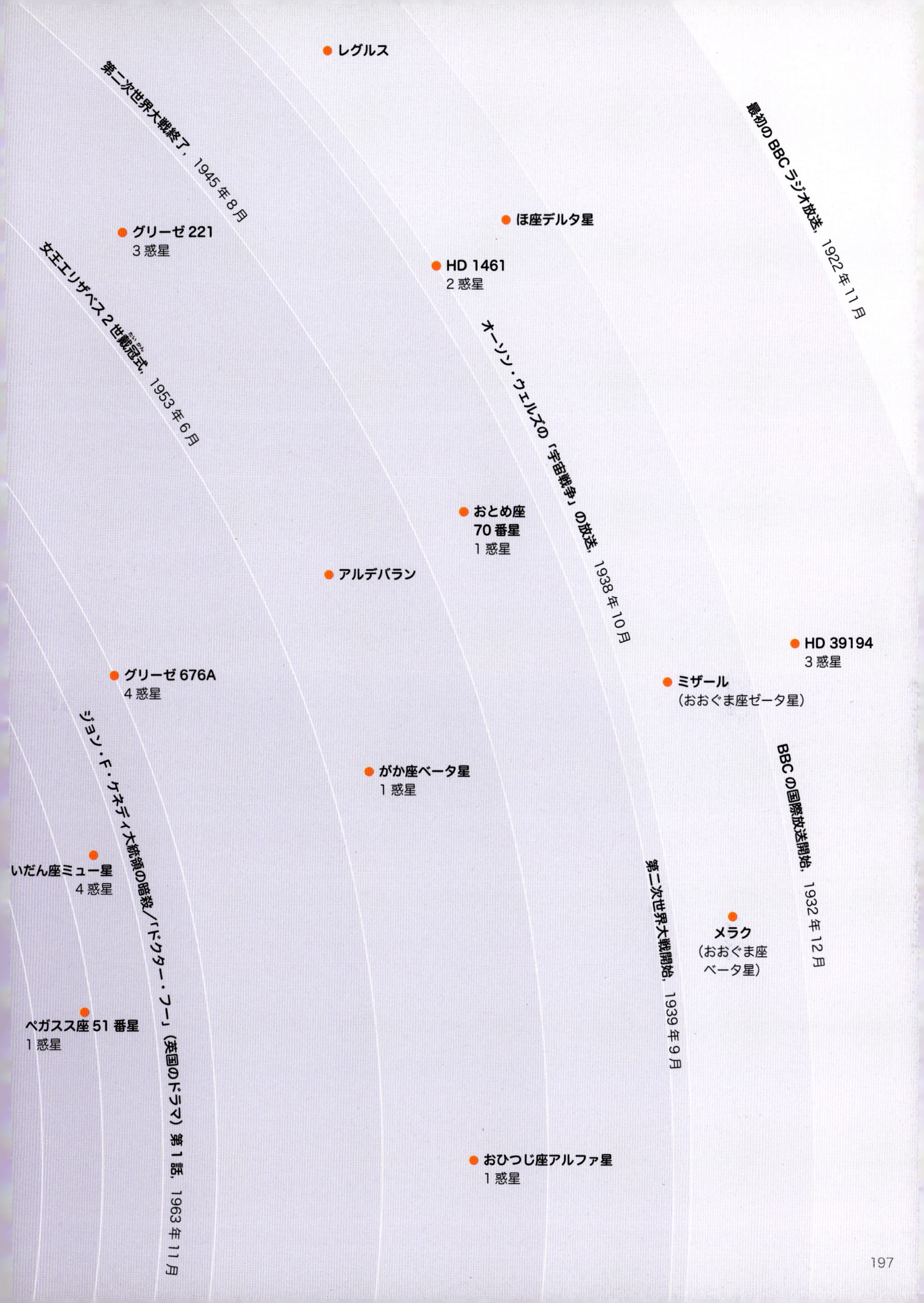

- レグルス

第二次世界大戦終了、1945年8月

最初のBBCラジオ放送、1922年11月

- グリーゼ221
  3惑星

- ほ座デルタ星

- HD 1461
  2惑星

女王エリザベス2世戴冠式、1953年6月

オーソン・ウェルズの「宇宙戦争」の放送、1938年10月

- おとめ座
  70番星
  1惑星

- アルデバラン

- HD 39194
  3惑星

- グリーゼ676A
  4惑星

- ミザール
  (おおぐま座ゼータ星)

- がか座ベータ星
  1惑星

BBCの国際放送開始、1932年12月

ジョン・F・ケネディ大統領の暗殺／「ドクター・フー」(英国のドラマ) 第1話、1963年11月

- いだん座ミュー星
  4惑星

- メラク
  (おおぐま座
  ベータ星)

第二次世界大戦開始、1939年9月

- ペガスス座51番星
  1惑星

- おひつじ座アルファ星
  1惑星

地球外知的生命へメッセージを送る

地球外知的生命体探査（SETI：Search for Extra-Terrestrial Intelligence）が地球外生命からのメッセージを聞くという受動的な活動であるのに対して，宇宙全体に向けて「私たちはここにいます！ あなたたちは孤独ではありません！」と地球外知的生命体にメッセージを送るMETI（Messaging Extra-Terrestrial Intelligence）という逆の試みもある．テレビやラジオ放送の偶然宇宙に出ていった微弱な電波を別にして，特定の目標に向けてメッセージを送るという試みはこれまで何回かなされてきた．研究のための場合もあったし，企業のコマーシャルの場合もあった．最初の接触のためのメッセージの内容は，非常にバラエティに富んでいる．

1974　アレシボ・メッセージ／26974年到達

1983　アルタイル・メッセージ／1999年到達

1986　マイルストン・レーダー・メッセージ／2020〜2021年到達
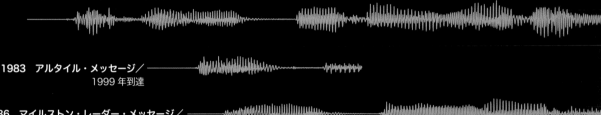

1999　コズミック・コール／2051〜2069年到達

2001　ティーンエイジメッセージ／2047〜2070

2003　コズミック・コール2／2036〜204

2005　クレイグスリスト／到達年なし
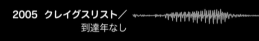

2008　メッセージ・フロム・アース／2028年到達
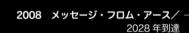

2008　アクロス・ザ・ユニバース／2439年到達
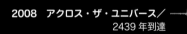

2008　ドリトスのコマーシャル／2050年到達

2009　ハロー・フロム・アース／2029年到達

2009　ルビスコ／2021〜2039年到達

2012　ワウ・リプライ／2052〜2163年到達

2013　ローン・シグナル／2031年到達

1974年　アレシボ・メッセージ
23×73ピクセルの画像が球状星団M13に向けて送信された．（26974年到達）（1,679ビット）

1983年　アルタイル・メッセージ
真偽のほどはわからないが，日本の天文学者が13枚の71×71ピクセルの画像をアルタイルに向けて送信した．（1999年到達）

1986年　マイルストン・レーダー・メッセージ
真偽のほどはわからないが，音声のメッセージがエリダヌス座イプシロン星，くじら座タウ星，そしてさらに2つの恒星に送信された．（2020・2021年到達）

1999年　コズミック・コール
特別な言葉で書かれた短い「百科事典」が，4つの太陽に似た恒星に送信された．（2051年，2057年，2067年，2069年到達）（370,967ビット）

2001年　ティーンエイジメッセージ
14分間のテルミンのコンサートや，ロシアとその周辺の10代の若者が選んだ音や画像や文章が，6つの太陽に似た恒星に送信された．（2047年，2057年，2057年，2059年，2059年，2070年到達）（648,220ビット）

2003年　コズミック・コール2
別の文章，画像，音楽，ビデオが5つの太陽に似た恒星に送信された．（2036年，2040年，2044年，2044年，2049年到達）

2005年　クレイグスリスト
craigslist.orgに投稿された13万件のメッセージが宇宙空間に送信された．（到達年は特定できない）

2008年　メッセージ・フロム・アース
ソーシャル・ネットワーキング・サービスのBeboから501通のメッセージがグリーゼ581cに向けて送信された．（2028年到達）

2008年　アクロス・ザ・ユニバース
NASAからビートルズの曲「アクロス・ザ・ユニバース」が北極星に向けて送信された．（2439年到達）

2008年　ドリトスのコマーシャル
ドリトス（トルティーヤチップ）のコマーシャルがおおぐま座47番星に向けて送信された．（2050年到達）

2009年　ハロー・フロム・アース
25,880通のメッセージがグリーゼ581dに向けて送信された．（2029年到達）

2009年　ルビスコ（リブロース1,5-ビスリン酸カルボキシラーゼ／オキシゲナーゼ）
光合成を行うときに使われるタンパク質の遺伝子コードがティーガーデン星，GJ 83.1，くじら座カッパー1星に送信された．（2021年，2024年，2039年到達）

2012年　ワウ・リプライ
ナショナル・ジオグラフィックの視聴者からの2万件のツイッター投稿がかに座ロー星，ふたご座37番星，HIP 34511に送信された．（2052年，2068年，2163年到達）

2013年　ローン・シグナル
一般の人からの144文字のメッセージがグリーゼ526に向けて送信された．（2031年到達）

送るべきか，送らざるべきか？

この問題は，世界的に意見の一致に至っていない．スティーヴン・ホーキング博士などは，メッセージを送ることで，より進んだ非友好的な宇宙人が悪意をもって私たちのところに来るのを助長すると心配している．おそらく，そのような文明はいずれにしても私たちを見つけるだろうから，必ずしも心配する必要はないかもしれない．あるいは，世界的に議論を行うまでは，さらなるメッセージは送るべきでないと主張する人もいる．このような議論はあるが，地球外知的生命と最初の接触をすることは，「私たちは孤独なのか」という根本的な問いへの答えが得られるかもしれない，歴史的かつ刺激的なことだ．

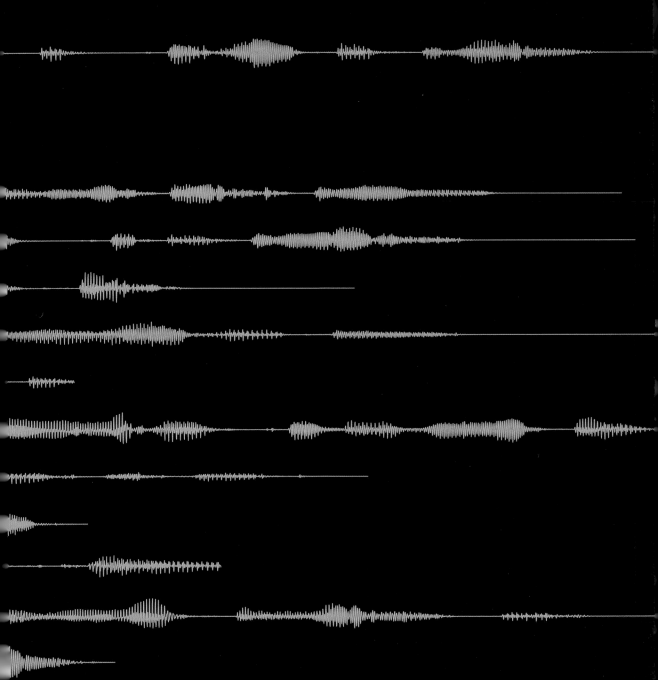

9章／その他の話題

相対性理論の効果

1905年，アルベルト・アインシュタインが特殊相対性理論を発表した．この理論では，高速で動く観測者ごとに時間と距離の計測値が異なることが示されている．

アインシュタインは続いて，1915年に一般相対性理論を発表した．この理論では，重力が光に及ぼす影響が示されている．このような影響は，日常生活ではほとんど気づくことはないが，その影響が重要になる場合がある．

時間の遅れ

厳密には，あなたは何歳なのだろうか？ アインシュタインは，時間の流れが一定ではないことを示した．非常に速く動いている人や，重力場の中にいる人にとっては，時間の流れがよりゆっくりになるのだ．ただし，この時間の違いはごく小さい．1971年に，ジョセフ・ハーフェレ（Joseph Hafele）とリチャード・キーティング（Richard Keating）は，原子時計を東回りと西回りの飛行機に乗せて世界一周し，時

より若くなる（速度が速いことによる）*

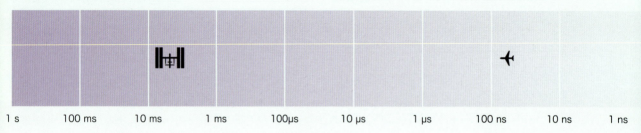

1 s　　100 ms　　10 ms　　1 ms　　100 μs　　10 μs　　1 μs　　100 ns　　10 ns　　1 ns

国際宇宙ステーションで6か月滞在
速　度／25,500 km/h
軌道高度／410 km
期　間／6か月

飛行機（東回り）
速　度／700 km/h
高　度／10 km
期　間／1.7日

＊訳注：速度および重力による時間の進み方のそれぞれのずれを足し合わせている．

ブラックホール

一般相対性理論では，ブラックホールの存在を予測している．私たちはブラックホールを直接的には見たことがないが，その存在を示す確実な証拠がある．銀河系の中心近くの恒星の動きから，それらの恒星が太陽の400万倍もの質量をもつ天体のまわりを回っていると推定される．しかし，その天体はまったく見ることができない．

重力レンズ

アインシュタインの重力理論では，質量の大きい物体が空間を曲げるということも予測されている．そして，そのような物体のすぐそばを通る光は曲げられるのだ．このことにより，背景にある天体がまったく異なった場所に見えたり，さらには重力を及ぼす天体が非常に重いときなど複数の像に分かれ

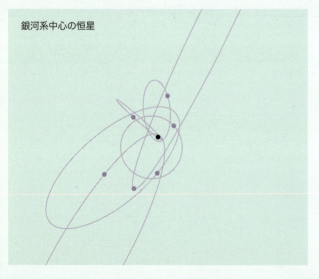

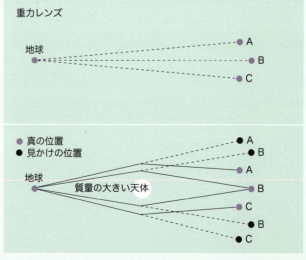

刻の比較を行った．

彼らの実験で，相対性理論の効果は実際にあることが確認された．時間の進み方の違いは，地球の表面が赤道では時速1,600 km で動いていることによっている．衛星測位システムでは，非常に正確な時刻計測が必要であり，相対性理論を考慮せずにわずかに時刻がずれてしまうと，位置計測の結果が1日あたり100 m もずれてしまう．

双子のパラドックス

未来の惑星間旅行を考えると，違いはより顕著になる．もし双子のうちの1人が光の10分の1の速度の宇宙船に乗ることができれば，4日以内で海王星まで行って戻ってくることができるが，そのときには地球に残っていたもう1人に比べて25分間分だけ若くなっている．

より年をとる（地球重力が弱くなることによる）*

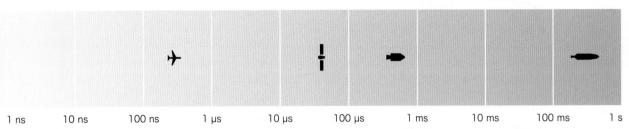

飛行機（西回り）
速　度／700 km/h
高　度／10 km
期　間／2 日

GPS 衛星
速　度／14,000 km/h
軌道の高度／20,000 km
期　間／1 日

アポロ11号での月旅行
速　度／4,000 km/h
地球からの距離／380,000 km
期　間／8 日

火星への往復旅行
速　度／50,000 km/h
地球からの距離／7,840 万 km
期　間／3.4 年（火星で 2 年）

て見えたりもする．

1919 年，アーサー・エディントン（Arthur Eddington）は皆既日食のときに恒星の観測を行い，その位置が通常の位置から少しずれていることを発見した．この光の曲がる量はごく微小だったが，これがアインシュタインの理論の最初の観測的証明となった．

質量の大きい銀河団は，重力によるレンズのような働きをし，より遠くにある天体からの光を拡大したりゆがめたりする．画像の中では背景の天体が円弧のように見えており，宇宙の中の最も遠い銀河のいくつかを調べることができる．

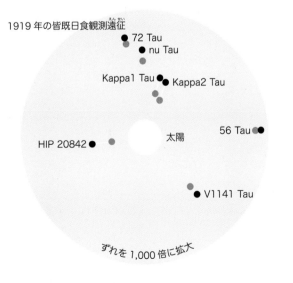

1919 年の皆既日食観測遠征

72 Tau
nu Tau
Kappa1 Tau Kappa2 Tau
HIP 20842   太陽   56 Tau
V1141 Tau

ずれを1,000 倍に拡大

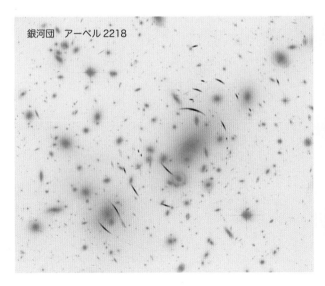

銀河団　アーベル 2218

ピクチャー・オブ・ザ・デイ

アストロノミー・ピクチャー・オブ・ザ・デイ（The Astronomy Picture of the Day：APOD）というウェブサイトが1995年6月16日から公開されている．宇宙の画像が日替わりで，短い解説とともに掲載されている．ここでは，APODの20年以上にわたる歴史でどのような種類の天体が取り上げられたかを分類してみた．

最近，APODはソーシャルメディアにも取り上げられている．最近の分析では，グーグルプラス（Google＋）ユー

9章／その他の話題

ザーの間では，惑星と衛星が最も人気がある．フェイスブック（Facebook）やツイッター（Twitter）のユーザーに人気があるのは，空の写真だ．

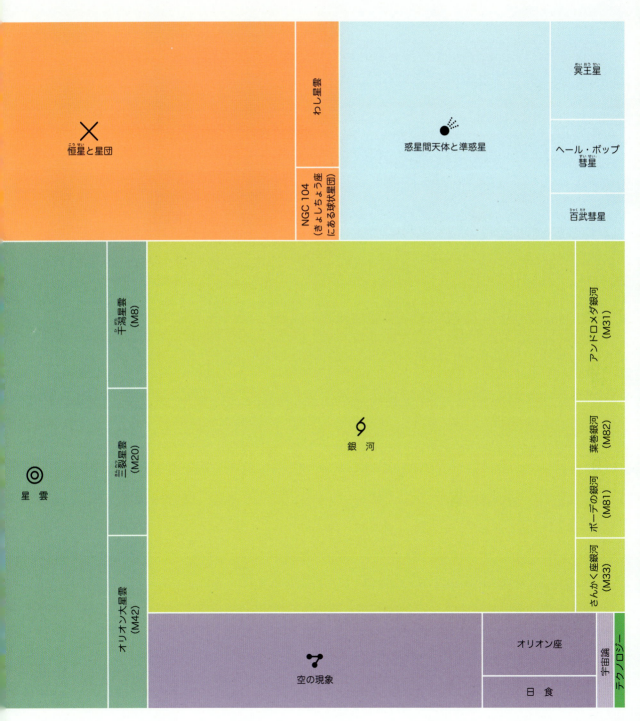

水の世界

　地球は，太陽系で液体の水が表面に存在する唯一の天体だが，地球だけに水があるわけではない．火星のように，多くの場合，水は氷の形で存在している．氷は，表面にある場合もあれば，表面より少し地下に入った岩の層の中にある場合もある．地下の氷は，日光によってあたためられる短い間にとけ出して，クレーターの壁面を小さな小川となって流れ下るが，気圧が低いためすぐに蒸発してしまう．

　しかし，水は太陽系の他のところにも存在している．それも意外なところに．木星の衛星のエウロパは，外側の惑星にある多くの衛星のように，表面は厚い氷の層で覆われている．エウロパの表面はたえず入れかわっており，地下には水の海が広がっていることがわかっている．この海は，木星の潮汐力によって生み出される熱のために凍らない．エウロパには，地球の海の水全体よりも多くの水が存在するかもしれない．

　土星の衛星エンケラドゥスも，地下に液体の水がある．この水が，鉱物を含んだ間欠泉として衛星の南極付近から噴き出しているのが観測されている．現在では，太陽系の木星以遠の惑星の大きな衛星には，地下に海があると考えられている．しかし，その海の深さや体積はまだよくわかっていない．

地球／直径 12,742 km

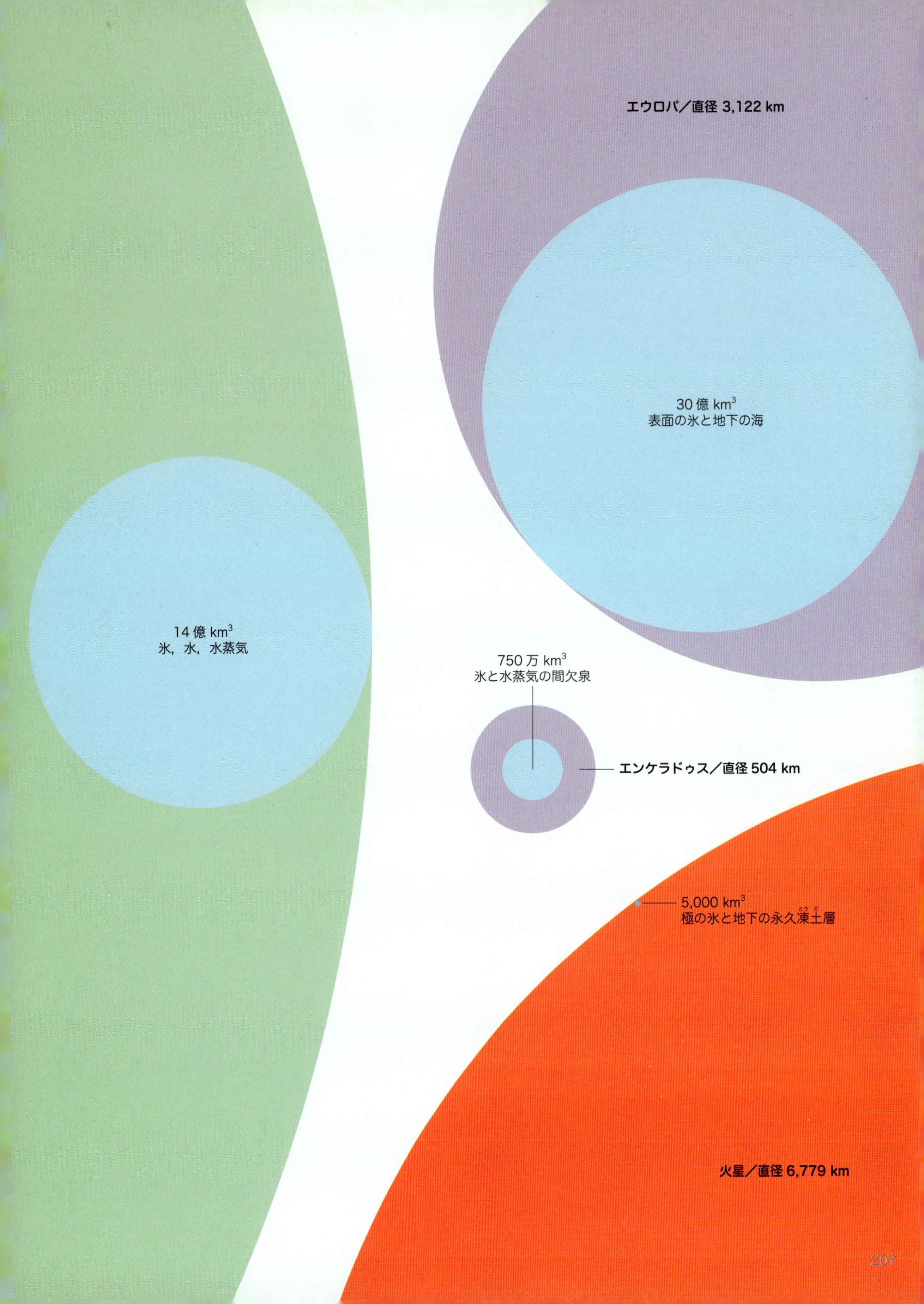

エウロパ／直径 3,122 km

30 億 km³
表面の氷と地下の海

14 億 km³
氷，水，水蒸気

750 万 km³
氷と水蒸気の間欠泉

エンケラドゥス／直径 504 km

5,000 km³
極の氷と地下の永久凍土層

火星／直径 6,779 km

密　度

宇宙空間は空っぽだ．恒星と恒星の間の空間にある気体の密度は，空気の10億分の1のさらに100万の1（1,000兆分の1）にすぎない．しかし，宇宙空間にある天体は非常に高密度で，太陽の中心は岩の密度の50倍もあるし，中性子星になるともう想像できないくらいの高密度である．密度は想像しにくいので，決まった体積の物質がどのくらい重いかで比較してみる．ここでの決まった体積は，バケツ1杯とした．

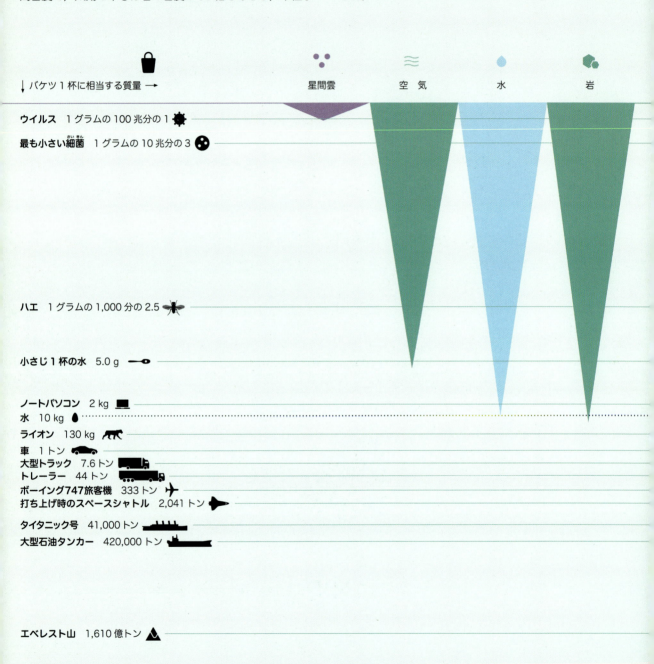

9章／その他の話題

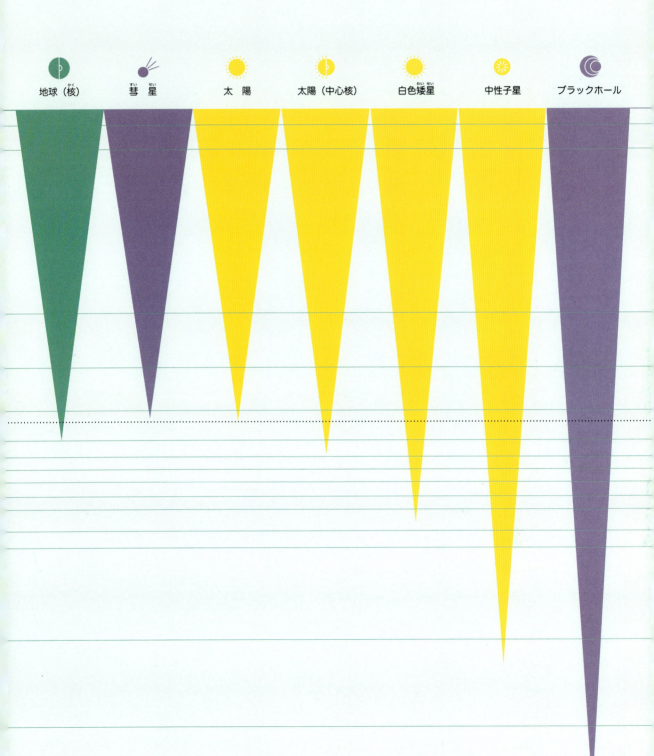

構成要素

宇宙は，ほとんど水素とヘリウムからできている．これらの元素は，ビッグバン直後の最初の数分間でつくられたものだ．続いて誕生した恒星によって，より重い元素がつくられた．それらは水素やヘリウムと比較すると少量で，太陽や太陽系に存在している．

惑星が誕生するときには，軽い元素は太陽から遠くへ追いやられ，酸素や炭素，ケイ素のような元素が内側の惑星をつくる材料となった．鉄のような重い元素は地球の核となって中心に落ち込み，まわりにはおもにケイ素と酸素からなる地殻ができた．

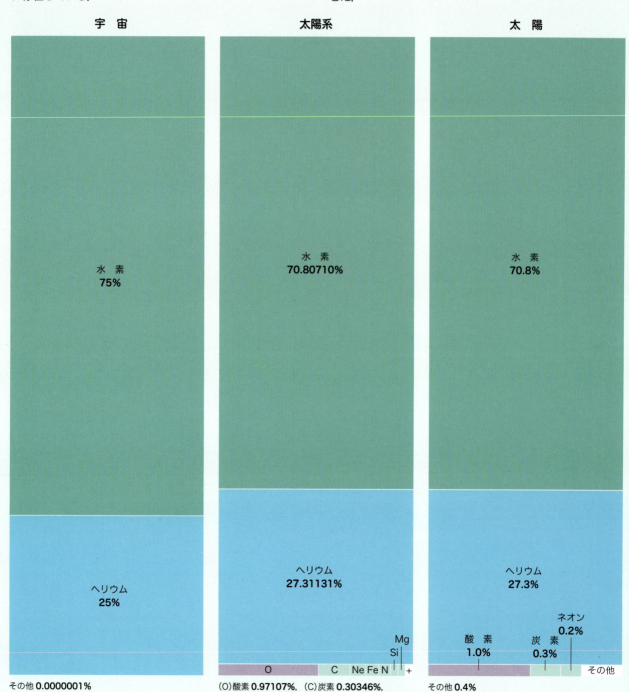

海は小惑星や彗星の衝突によってできたと考えられている．これらの衝突によって，より軽い元素の一部が地球表面に戻ってきたわけだ．私たちの体も地球と同じ元素でできているが，ちょっとだけその比率が異なっている．私たちのDNAは，炭素，酸素，窒素，水素，リンからできており，カルシウムは硬い骨にとって重要である．水素を除けば，これらのすべての元素は恒星の中でつくられた．私たちはまさに「星の子」なのだ．

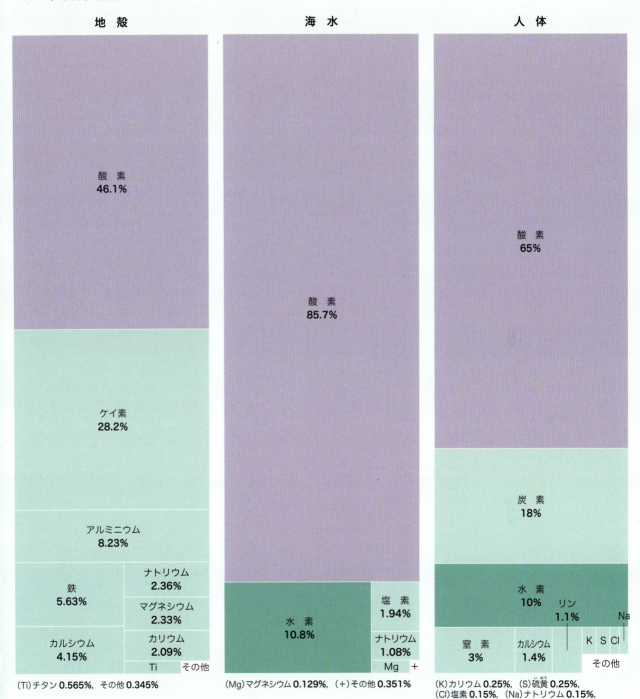

1日の長さは？

今日は長い1日だった？ おそらく，長い1日は実際に存在した．1日の基準は地球の1自転で定義されており，8万6,400秒である．しかし，地球の自転は一定ではない．少しだけ速くなることもあれば遅くなることもある．たとえば，2004年のインドネシアの大地震のときには，プレートの大きな部分が少しだけ内側に動き，地球の自転が2.7マイクロ秒短くなった．反対に，月による潮汐によって地球の自転は少しずつ遅くなっており，1年あたり15～20マイクロ秒ほど1日が長くなっている．国際地球回転・基準系事業（IERS）のアース・オリエンテーション・センターでは，原子時計を使って遠方のクエーサーを電波で観測することで1日の長さを正確に計測し，経時変化を調べている．数十年に

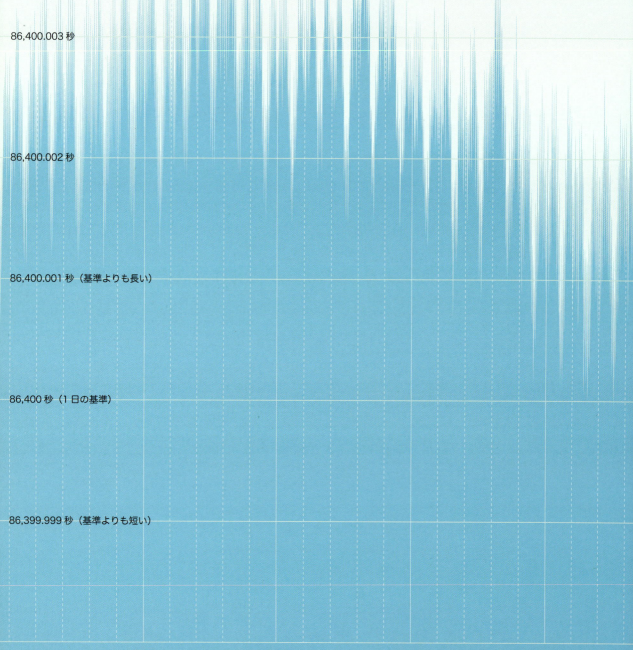

わたる変化は，地球の核の中で起こった何らかのプロセスによると考えられている．2年以下のタイムスケールでの変化は，大気によって自転が影響を受けているものである．

最も長かった1日は1972年4月12日で，基準よりも4.36ミリ秒長かった．定義よりもミリ秒レベルで長い日が重なることで，時刻が徐々にずれていく．数百日経つと1秒のレベルで時刻がずれる．原子時計による時刻を地球の自転に合わせるために，ときどきうるう秒を挿入する．IERSは1972年以来，2016年夏時点までで26回のうるう秒を挿入した．

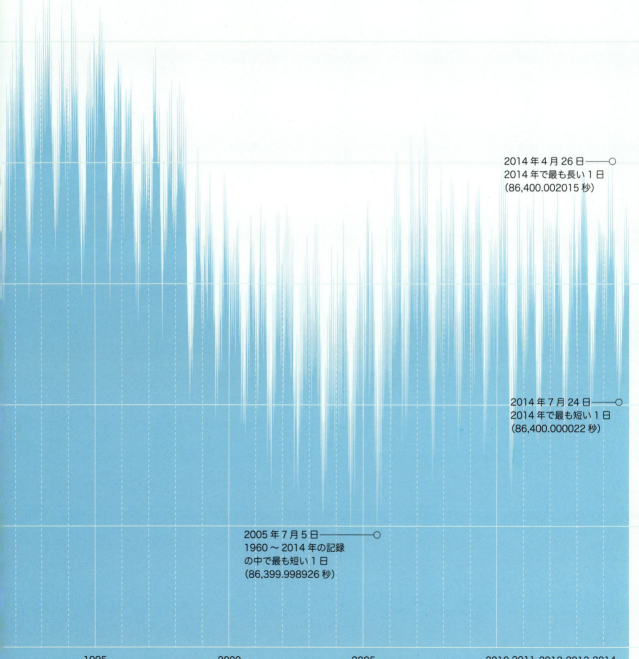

2014年4月26日──○
2014年で最も長い1日
(86,400.002015秒)

2014年7月24日──○
2014年で最も短い1日
(86,400.000022秒)

2005年7月5日──○
1960〜2014年の記録
の中で最も短い1日
(86,399.998926秒)

確認飛行物体

誰しも，空を見て「あれは何だろう」と思った経験があるはずだ．金星とか，国際宇宙ステーションとか，紙ちょうちんのような単純なものでも，見慣れていないととても不思議なものに見えるだろう．そういうものを見た人が，地元の天文台や大学の天文学科，警察などに連絡して，自分が見たものが何なのか確認しようとすることがある．たいていは，いくつか質問して少し推論すれば，消去法から，空中に見えた物体の正体についておよそ説明がつく．真実はそこにある．それは単に光があたったカモメかもしれない．

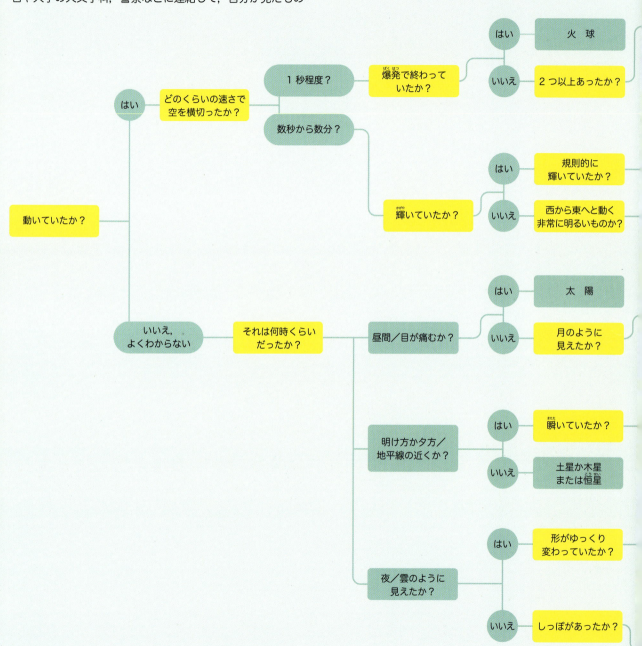

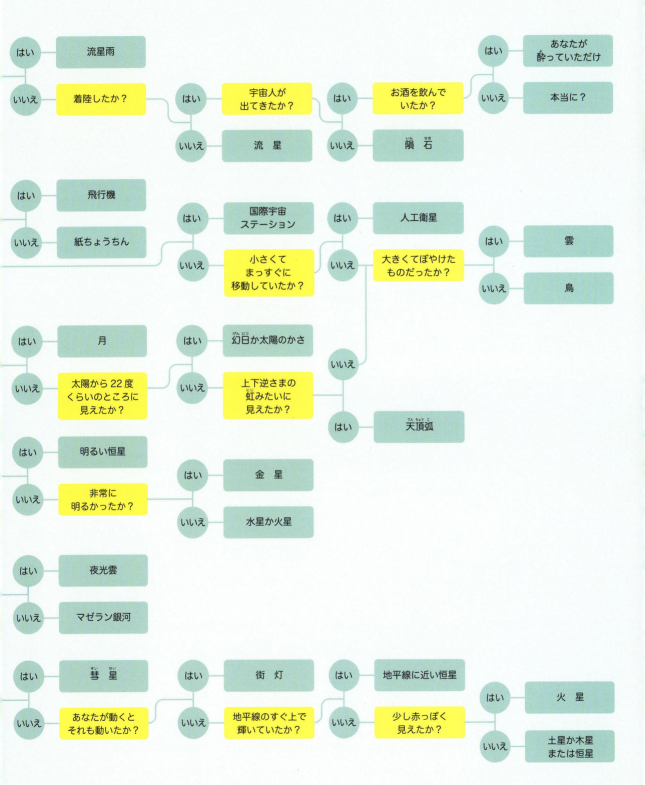

メシエカタログ

シャルル・メシエ（Charles Messier）はフランスの天文学者で，14歳のときパリに移ってきた．彼は新しい彗星を発見したかったのだが，星雲や星団といった空にぼんやりと見える天体を発見してしまう，ということをくり返していた．

このような天体にかかわってしまうことで時間を無駄にするのを避けるために，これらの天体の位置を示したカタログを作成した．観測したくない天体をまとめたカタログが，結果的に，後世に残るメシエの偉業の1つとなった．

- ✳ 恒星のグループ
- ◇ 散開星団
- ◆ 球状星団
- ◎ 星　雲
- ⊗ 超新星残骸
- ● 銀　河
- ◠ 渦巻銀河
- ⊃ 棒渦巻銀河
- ◣ 楕円銀河
- ∞ 不規則銀河

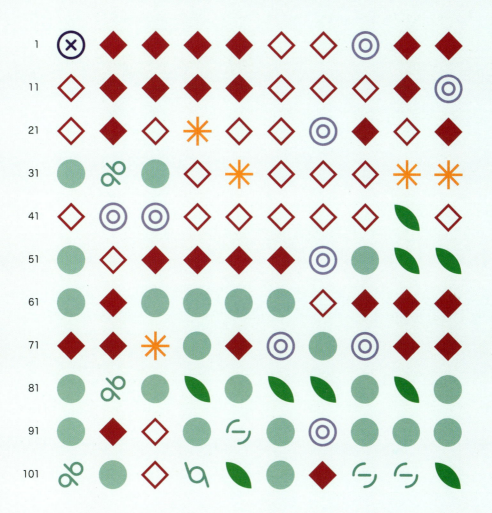

ニュージェネラルカタログ

19世紀の終わりごろ，英国の王立天文学会がジョン・ドレイヤー（John Dreyer）に星雲と星団のニュージェネラルカタログ（New General Catalogue：NGC）を完成させるよう依頼した．これは，それまでのカタログや，別々の国の天文学者がそれぞれの望遠鏡を用いて観測した結果を集約した大きなカタログである．

このカタログでは，空の角度（正確には赤経のこと）の順番に並べられているので，近くに並んでいる天体は，たいてい同じような時間帯に観測される．NGC 1700 から NGC2500 と NGC6300 から NGC7100 は，銀河面を通るところなので，他の部分よりかなり多くの星団や星雲が掲載されている．出版後に，60個ほどの天体は存在していないことがわかった．それらは，見失われたか，まちがったデータだったものである．

× 恒星
✱ 星のグループ
◇ 散開星団
◆ 球状星団
◎ 星雲
⊗ 超新星残骸
● 銀河
🙢 渦巻銀河
🙠 棒渦巻銀河
🝆 レンズ状銀河
🝅 楕円銀河
∞ 不規則銀河
　喪失／存在していない（空白）

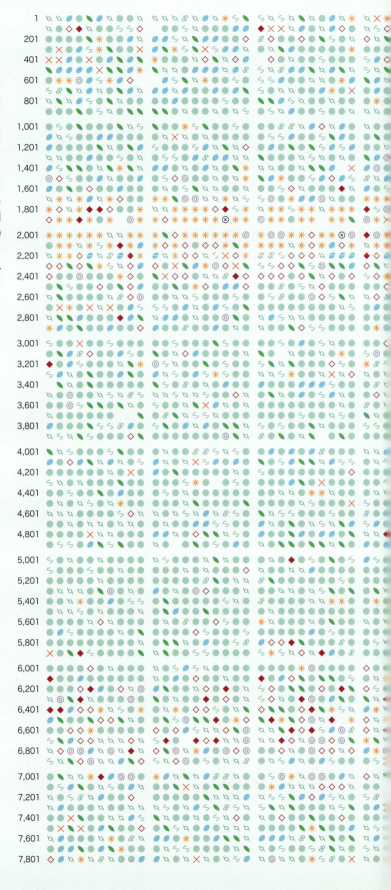

9章／その他の話題

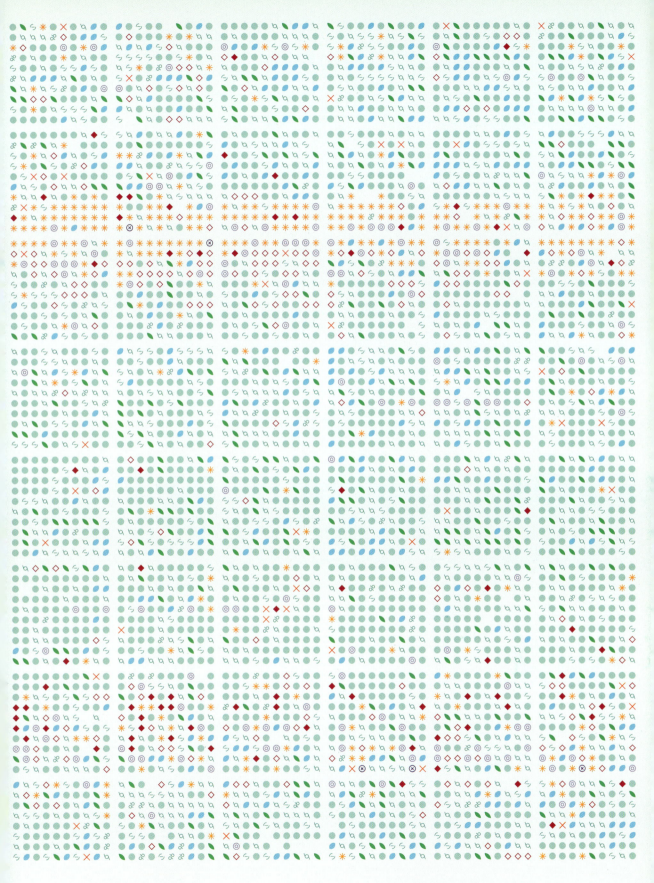

天文学における無名の英雄

自分自身の発見で有名になれる天文学者は少ない．ここでは，私たちの宇宙に対する知識を広げたのに，あまり知られていない天文学者のリストを示す．

サモスのアリスタルコス（Aristarchus of Samos）
紀元前 310 ～ 230 年

最初に太陽が太陽系の中心であると唱えたギリシャの天文学者．星が太陽と同じものであることも示唆した．月と太陽の相対的な距離を計測する試みも行った．

トーマス・ハリオット（Thomas Harriot）
1560 ～ 1621 年

英国の天文学者で，望遠鏡で初めて月の観測をした．

マリア・マルガレーテ・キルヒ（Maria Margarethe Kirch）
1670 ～ 1720 年

ドイツの天文学者で，オーロラや惑星の合（地球から見て太陽と惑星がほぼ同じ位置に見えること）を研究し，暦をつくった．最初に彗星を発見した女性だったが，その名誉は夫に取られてしまった．

カロライン・ハーシェル（Caroline Herschel）
1750 ～ 1848 年

彗星発見の功績が認められた最初の女性．8つの彗星を発見した．1787 年に，英国王ジョージ3世に天文学の助手として雇われた．

ジョン・グッドリック（John Goodricke）
1764 ～ 1786 年

オランダ生まれの英国のアマチュア天文学者．恒星アルゴルについての自身の観測結果を，食連星（回り合っている星がお互いを隠すために明るさが変化する星として観測される連星）として説明することを提案した．

ユルバン・ルヴェリエ（Urbain Le Verrier）
1811 ～ 1877 年

天王星の軌道における摂動（他の惑星の引力による軌道のずれ）の研究を行った．数学を駆使して，まだ知られていない惑星による影響を突き止め，その未知の惑星の予想される位置をベルリン天文台のヨハン・ガレに送った．ガレは，探し始めて1時間も経たないうちに，海王星を発見した．

アンジェロ・セッキ（Angelo Secchi）
1818 ～ 1878 年

イタリアの天文学者で，太陽光のスペクトルを研究するために，スペクトロヘリオグラフを発明した．日食のときに観測されるプロミネンス（太陽の表面から吹き出される赤い炎のように見えるガス）が太陽の一部であることを証明した．3つの彗星を発見し，火星の「水路」（イタリア語で canali）について最初に述べた人でもある．

ウィリアミーナ・フレミング（Williamina Fleming）
1857 ～ 1911 年

スコットランドで生まれて米国で活躍した天文学者で，当時までに知られていた新星の約 40% を発見した．

アニー・ジャンプ・キャノン（Annie Jump Cannon）
1863 ～ 1941 年

米国の天文学者で，恒星の分類法として O, B, A, F, G, K, M という型に分ける方式を編み出した．

アニー・スコット・ディル・マウンダー
(Annie Scott Dill Maunder)
1868 〜 1947 年

アイルランドの天文学者で，グリニッジ王立天文台で太陽の観測を行った．日食の写真撮影の専門家であった．夫とともに，現在「マウンダー極小期」とよばれている太陽黒点数の少ない期間を発見した．

ヘンリエッタ・スワン・リービット
(Henrietta Swan Leavitt)
1868 〜 1921 年

米国の天文学者で，セファイド変光星が距離を測るための標準光源となることを発見した．

ジョルジュ・ルメートル
(Georges Lemaître)
1894 〜 1966 年

ベルギーの宇宙論の研究者であり司祭でもある．宇宙が膨張していることを提唱し，最初にハッブル定数を推定した．また，宇宙がある時刻に爆発によって生まれたという説も提唱した．

フリッツ・ツビッキー
(Fritz Zwicky)
1898 〜 1974 年

スイスの天文学者で，天文学の多くの分野で貢献した．123個の超新星を発見し，「超新星」という用語をつくるのにも貢献した．銀河団による重力レンズの効果を，最初に発見される42年前にすでに予測していた．また，ダークマターの効果を最初に観測した人物でもあった．

セシリア・ペイン＝ガポーシュキン
(Cecilia Payne-Gaposchkin)
1900 〜 1979 年

25歳の学生のときの博士論文で，太陽，恒星，宇宙の大部分は水素からできているということを主張した．最初は取り上げられなかったが，のちに彼女が正しいことが示された．

ルビー・ペイン＝スコット
(Ruby Payne-Scott)
1912 〜 1981 年

オーストラリアの天文学者で，女性で最初の電波天文学者である．太陽を精力的に研究し，さまざまなタイプの電波バーストを発見した．初めての電波干渉計において大きな役割を果たした．

グロート・レーバー
(Grote Reber)
1911 〜 2002 年

初めてのパラボラ電波望遠鏡を製作した米国人．最初の全天の電波地図を作成して銀河系を調べ，カシオペヤ座A，はくちょう座Aのような電波源を発見した．

ナンシー・グレース・ローマン
(Nancy Grace Roman)
1925 年〜

米国の天文学者で，NASAで最初の天文学の責任者となる．3機の太陽観測衛星と3機の天文衛星の打ち上げを取り仕切った．ハッブル宇宙望遠鏡については，初期のころ，計画や設計に関与した．

ベアトリス・ティンズリー
(Beatrice Tinsley)
1941 〜 1981 年

ニュージーランドの天文学者で，恒星と銀河の研究を行った．テキサス大学でたった2年間で博士論文を完成させ，その後の銀河進化研究の基礎となった．仕事においては，非常に幅広い項目について研究活動を行った．

参考にした情報源，謝辞

8 / Design a Space Telescope, Cardiff University, Wales

10 / Beischer, DE; Fregly, AR (1962) US Naval School of Aviation Medicine / Encyclopedia Astronautica / Dr.Kenichi IJIRI / Witt, P.N., et al. 1977 J. Arachnol. 4: 115-124 / National Space Science Data Center, NASA / Spangenberg et al. Adv Space Res. 1994;14(8):317-25 / Szewczyk, N.J. et al, Astrobiology, Volume 5, Issue 6, pp. 690-705 / ESA.

12 / NASA Information Summaries Astronaut Fact Book / www.spacefacts.de / NASA History Office.

14 / NASA Information Summaries Astronaut Fact Book / spacefacts.de / NASA History Office.

16 / Bioastronautics Data Book: Second Edition. NASA SP-3006 / From Quarks to Quasars.

18-20 / Jonathan's Space Report planet4589.org.

22 / Catalogue of Space Debris, U.S. Space Surveillance Network (October 2014) orbitaldebris.jsc.nasa.gov.

24 / NASA Reference Guide to the International Space Station / China Manned Space Engineering.

26 / Apollo 11 Press Kit (69-83K).

28 / Catalogue of Manmade Material on the Moon, NASA History Program Office, 7-05-12. / Apollo 11 Traverses map prepared by the U.S. Geological Survey and published by the Defense Mapping Agency for NASA. / NASA's Lunar Reconnaissance Orbiter.

30 / Wikipedia / moon.luxspace.lu.

32 / The Expensive Hardware Lob, David Gore.

34 / JPL Horizons, Giorgini, J.D. et al, 'JPL's On-Line Solar System Data Service', Bulletin of the American Astronomical Society 28(3), 1158 (1996).

36 / NASA HQ / zarya.info / Unmanned Spaceflight.com / NASA Mars Exploration Rovers / curiositylog.com.

40 / David A. Weintraub, Is Pluto A Planet? (2007).

44 / Solar System Exploration, NASA.

46 / JPL Solar System Dynamics / Solar System Exploration, NASA / Moons of Jupiter/Moons of Saturn/Moons of Uranus/Moons of Neptune, Wikipedia / David A. Weintraub, Is Pluto A Planet? (2007).

48 / Eclipse Predictions by Fred Espenak (NASA's GSFC) / Felix Verbelen.

50 / IAU Working Group for Planetary System Nomenclature. 'Gazetteer of Planetary Nomenclature.' / Nature 453, 1212-1215 (26 June 2008) / McGill, J. Geophys. Res., 94(B3), 2753–2759 (1989) / Oshigami & Namiki, Icarus, Volume 190, Issue 1, p. 1-14, Sep 2007 / NASA Dawn.

52 / D. Smith et al. (2012) Science, 336, 214 / A. Aitta (2012) Icarus, 218, 967 / A. Dziewonski & D. Anderson (1981), Physics of the Earth and Planetary Interiors, 25, 297 / A. Rivoldini et al. (2011) Icarus, 213, 451 / T. Guillot et al. (1997), Icarus, 130, 534 / W. Hubbard et al. (1991), Science, 253, 648 / R. Weber et al. (2011), Science, 331, 309 / J. Anderson et al. (2012), J. Geophys. Res., 106, 32963 / O. Kuskov & V. Konrod (2005), Icarus, 177, 550 / S. Vance et al. (2014), Planetary and Space Science, 96, 62 / G. Tobie et al. (2005), Icarus, 175, 496.

54 / COSPAR International Reference Atmosphere / T. Cavalié et al. (2008) A&A 489, 795 & 'An introduction to Planetary Atmospheres' (Agustin Sanchez-Lavega) / Lellouch et al. (1988) Icarus 79, 328 / Cassini/CIRS (L. N. Fletcher et al. (2009) Icarus 202, 543 / Orton, G. et al. (2014) Icarus 243, 494 / L.N. Fletcher et al. (2010) A&A 514, A17.

56 / Solar System Exploration, NASA.

58 / 1999 European Asteroidal Occultation Results / Baer & Chesley (2008) / Belton et al (1996) / Braga-Ribas et al (2014) / Carry (2012) / Conrad (2007) / Descamps et al (2008) / IRAS / JPL Horizons, Giorgini, J.D. et al, 'JPL's On-Line Solar System Data Service', Bulletin of the American Astronomical Society 28(3), 1158 (1996) / Kaasalainen et al Icarus 159 369–395 (2002) / Marchis et al (2005) / Merline et al (2013) / Millis et al (1984) / Müller & Blommaert (2004) / RASNZ Occultation Section / Russell et al (2012) / Schmidt et al (2008) / Shepard et al (2008) / Sierks et al (2011) / Storrs et al (1999) / Storrs et al (2005) / Tedesco et al (2002) / Thomas et al (1994) / Thomas et al (1996) / Thomas et al (2005) / Torppa et al (2003).

60 / IAU Minor Planet Center minorplanetcenter.net/.

62 / JPL Small-Body Database Browser.

64 / IAU Minor Planet Center minorplanetcenter.net / EARN NEA Database, maintained at the Institute of Planetary Research of the DLR, Berlin, Germany by G. J. Hahn.

66 / Catalogue of Meteorites, Natural History Museum, London.

68 / NASA / JPL-Caltech / UMD / NASA Stardust / Planetary Society / ESA Giotto / SETI Institute / NASA Comet Quest.

70 / IAU Minor Planet Center minorplanetcenter.net/.

72 / David Levy's Guide to the Night Sky, David H. Levy / 'The Comets of Caroline Herschel (1750-1848), Sleuth of the Skies at Slough', Olson & Pasachoff, Culture and Cosmos, Vol. 16, nos. 1 and 2, 2012 / Biographical Encyclopedia of Astronomers.

74 / Minor Planet Physical Properties Catalogue / IAU Minor Planet Center minorplanetcenter.net/.

78 / Kominami & Ida (2002) / Levison et al (2008) / Zwart (2009) arXiv:0903.0237 / Solar System Exploration, NASA / Cox & Loeb (2008) / Sackmann, Boothroyd & Kraemer (1993).

80 / Using ST:TOS formula of speed/c = warp3.

84 / Observatory web sites.

86 / Reimer et al, A&A 424, 773–778 (2004) / Lord, S. D., 1992, NASA Technical Memorandum 103957 / Gemini Observatory / UKIRT/JAC / SMA/Harvard-CfA.

88-98 / Observatory web sites.

104 / BASS2000, Paris Observatory, Delbouille, Neven and Roland, 1972.

106 / SILSO data, Royal Observatory of Belgium, Brussels.

108 / ROG/USAF/NOAA Sunspot Data solarscience.msfc.nasa.gov/.

110 / The 'X-ray Flare' dataset was prepared by and made available through the NOAA National Geophysical Data Center (NGDC).

112 / JPL Horizons, Giorgini, J.D. et al, 'JPL's On-Line Solar System Data Service', Bulletin of the American Astronomical Society 28(3), 1158 (1996).

116-188 / VirtualSky, LCOGT lcogt.net/virtualsky.

120 / VirtualSky, LCOGT lcogt.net/virtualsky / Perryman et al, The Hipparcos Catalogue, A&A, 323, L49-52 (1997) / van Leeuwen, A&A, 474, 2, pp.653-664 (2007) / Harper, Brown & Guinan, AJ, 135, 4, pp 1430-1440 (2008).

122 / Harrington & Dahn, AJ, Vol. 85, p. 454-465 (1980) / Matthews, QJRAS, Vol. 35, p. 1-9 (1994) / Nidever et al, ApJS, Vol. 141, Issue 2, pp. 503-522 / Salim & Gould, ApJ, Vol. 582, Issue 2, pp. 1011-1031 / Lépine & Shara, AJ, Vol. 129, Issue 3, pp. 1483-1522 / Gontcharov, Astronomy Letters, Vol. 32, Issue 11, p.759-771 / van Leeuwen, A&A, Vol. 474, Issue 2, November I 2007, pp.653-664 / Gatewood, AJ, Vol. 136, Issue 1, p. 452 (2008) / Jenkins et al, ApJ, Vol. 704, Issue 2, pp. 975-988 (2009) / Koen et al, MNRAS, Vol. 403, Issue 4, pp. 1949-1968 (2010) / Lurie et al, AJ, Vol. 148, Issue 5, article id. 91, 12 pp. (2014).

124 / VirtualSky, LCOGT lcogt.net/virtualsky / van Leeuwen, A&A, 474, 2, pp.653-664 (2007) / Zacharias et al, VizieR On-line Data Catalog: I/322A (2012) / Roeser & Bastian, A&A Supp, 74, 3, pp. 449-451 (1988) / Perryman et al, The Hipparcos Catalogue, A&A, 323, L49-52 (1997) / Høg et al, A&A, 355, pp. L27-L30 (2000).

126 / Perryman et al, The Hipparcos Catalogue, A&A, 323, L49-52 (1997).

128 / Nordgren et al, AJ, 118, 6, pp. 3032-3038 (1999) / Ramírez & Allende Prieto, ApJ, 743, 2, pp 14 (2011) / Richichi & Roccatagliata, A&A, 433, 1, pp. 305-312 (2005) / David Darling Encyclopedia of Science / Moravveji et al, ApJ, 747, 2, pp. 7 (2012) / spacemath.gsfc.nasa.gov / Schiller & Przybilla, A&A, 479, 3, pp. 849-858 (2008) / Najarro et al, ApJ, 691, 2, pp. 1816-1827 (2009) / Perrin et al, A&A, 418, pp. 675-685 (2004) / Smith, Hinkle & Ryde, AJ, 137, 3, pp. 3558-3573 (2009) / Arroyo-Torres et al, A&A, 554, p 10 (2013).

130 / Doyle & Butler, A&A, 235, 1-2, pp. 335-339 (1990) / Demory et al, A&A, 505, 1, pp. 205-215 (2009) / Kervella et al, A&A, 488, 2, pp. 667-674 (2008) / Linsky et al, ApJ, 455, p 670 (1995) / Dieterich et al, AJ, 147, 5, p 25 (2014).

132 / ESO Library of Stellar Spectra, A.J. Pickles, PASP 110, 863 (1998).

134 / Nearby stars, Preliminary 3rd Version (Gliese+ 1991) / Tycho-2 Catalogue, Hog et al, A&A, 355, L27 (2000).

136 / LCOGT lcogt.net/siab / Hurley et al, MNRAS, Vol. 315, Issue 3, pp. 543-569 (2000).

138 / Asiago supernova catalogue, Barbon, R., Buondì, V., Cappellaro, E., Turatto, M. 2010 VizieR Online Data Catalog, 1, 2024 / Central Bureau for Astronomical Telegrams Supernovae List (IAU, Smithsonian Astrophysical Observatory).

142 / ATNF Pulsar Catalogue, Manchester, R. N., Hobbs, G. B., Teoh, A. & Hobbs, M., The Astronomical Journal, Volume 129, Issue 4, pp. 1993-2006 (2005).

142 / Burbidge, Burbidge, Fowler & Hoyle, Rev. Mod. Phys. 29, 547 (1957).

144 / N. Capitaine et al A&A, 412, 567 (2003) / J. Lieske et al. A&A, 58, 1 (1977) / VirtualSky, LCOGT lcogt.net/virtualsky.

148 / VirtualSky, LCOGT lcogt.net/virtualsky.

150 / Fermi (NASA) / IRAS (NASA) / Planck Collaboration (ESA) / ROSAT (MPE/DLR) / Chromoscope.net.

152 / ESA / Planck Collaboration (2015).

154 / NASA / JPL-Caltech / Robert Hurt, Spitzer Science Center / NASA Fermi.

156 / McCall, MNRAS (2014) 440 (1): 405-426.

158 / Uses the 30,000 lowest redshift galaxies from the 2MASS Redshift Survey. Huchra, et al., The 2MASS Redshift Survey, ApJS.

160 / Hubble, E. P., Extragalactic nebulae, Astrophysical Journal, 64, 321-369 (1926) / Willett et al. (2013) data.galaxyzoo.org.

166 / Harrison, Cosmology: The Science of the Universe 2nd Ed, CUP (2000) / Plate XXI, Wright, An Original Theory of the Universe.

168 / ESA Gaia / Bothun, Modern Cosmological Observations and Problems, Taylor & Francis (1998).

170 / SDSS-III DR10 release (2014) www.sdss3.org/dr10/.

172 / Planck Collaboration / ESA / Structure inspired by the Millennium Simulation (Virgo Consortium).

174 / Planck Collaboration / ESA.

180 / Spacebook, LCOGT.

182-188 / PHL's Exoplanet Catalog of the Planetary Habitability Laboratory @ UPR Arecibo.

190 / SETI / NRAO / Lineweaver & Davis, Astrobiology, 2, 3, pp. 293-304 (2002) / Petigura, Howard & Marcy, PNAS, 110, 48, pp. 19273-19278 (2013) .

192 / Carl Sagan, Linda Salzman Sagan & Frank Drake / NASA.

194 / Frank Drake / Carl Sagan / Arecibo Observatory, National Astronomy and Ionosphere Center (Cornell University/NSF).

196 / PHL's Exoplanet Catalog of the Planetary Habitability Laboratory @ UPR Arecibo.

198 / gizmodo.com / New Scientist / National Geographic / Zaitsev arXiv:physics/0610031.

202 / UCLA Galactic Center Group, W.M. Keck Observatory Laser Team / NASA, ESA & John Richard (Caltech, USA) / F. Dyson, A. Eddington & C. Davidson (1920) Phil. Trans. Roy. Soc., 220, 291 / JPL Horizons, Giorgini, J.D. et al, 'JPL's On-Line Solar System Data Service', Bulletin of the American Astronomical Society 28(3), 1158 (1996) / Robert A. Brauenig www.braeunig.us/apollo/apollo11-TLI.htm.

204 / APOD created by Robert Nemiroff (MTU) & Jerry Bonnell (UMCP) / strudel.org.uk/lookUP / SIMBAD database / NASA/IPAC Extragalactic Database / SkyBoT / CBAT Supernova List / RAS of Canada Constellation List / IAU Minor Planet Center.

206 / Planetary Society / Porco et al. Science 311 1393 (2006) / Jet Propulsion Laboratory (europa.jpl.nasa.gov) / ISRO's Chandrayaan-1 & NASA / Lawrence et al., Science 339 292 (2013) / Christensen. GeoScienceWorld Elements 3 (2): 151-155 (2006).

208 / American Geophysical Union / British Antarctic Survey / Container-Transportation.com / Titanic-Titanic.com / BioNumbers.com / Cornell University.

210 / CRC Handbook of Chemistry and Physics / Kaye and Laby Online (NPL) www.kayelaby.npl.co.uk / Composition of the Human Body (Wikipedia; various sources).

212 / Earth Orientation Center of the IERS.

216 / SIMBAD database / NASA/IPAC Extragalactic Database.

218 / Dreyer, J. L. E., Memoirs of the RAS, 49, p. 1 / SIMBAD database / NASA/IPAC Extragalactic Database.

本書の執筆にあたり，多くの情報源のデータを頼りにした．特に，カレン・マスターズ博士（ポーツマス大学），アベル・メンデス教授（アレシボ，プエルトリコ大学），ルーシー・グリーン博士（ユニバーシティ・カレッジ・ロンドン），クリス・スコット博士（レディング大学），ライアン・ミリガン博士（クイーンズ大学ベルファスト／米国・カトリック大学／NASA ゴダード宇宙飛行センター）には，データを使わせていただいたことに感謝したい．巨大ガス惑星については，リー・フレッチャー博士（オックスフォード大学）のご厚意による．フランチェスカ・バッテン，ベン・フラットマン，ロバート・モーリツ，クリスティーン，エリザベス・ベーテン，ジェド，アーエン・ヴァン・デン・ベルク，ソフィ・ワード，ジョージ・ウィリアムズ，planet4589（ウェブサイト），ジョージナ・マックギャリー，ヤイール・アルカービ，アルマン・タドジリシ，アレックス，マシュー・スタンディング，ブルック，アンディ・ハウエル，アレックス・メレディス，レオン，キリアコウ，ステリオス，エドワード・ゴメス，アンディ・ザカイ，ベルナルド，ベンジャミン・マグリオ，アニー，ジェイク，ドリュー，マーガレット，エミュー，キャムスには小惑星名称の分類についてサポートしてもらったことに深く感謝する．磁場の構造については，マルク＝アントニー＝ミヴィーユ＝デシェネ（IAS，パリ）とディエゴ・ファルセータ＝ゴンサルベス（セント・アンドルーズ大学）の図に依っている．また，次に示すような天文のさまざまなデータベースも使用した．SkyBoT プロジェクト（フランスの国民教育省とフランス国立科学センターの援助を得て行われている），太陽系外惑星エンサイクロペディア（ジャン・シュナイダー，フランス国立科学センター／宇宙物理学研究所─パリ天文台），天文電報中央局の超新星リスト（国際天文学連合，スミソニアン天体物理観測所），カナダ王立天文学会の星座のリスト（ラリー・マクニッシュ），小惑星と彗星の天体暦サービス（国際天文学連合，小惑星センター），NASA との契約のもとでジェット推進研究所とカリフォルニア工科大学によって運用されている NASA/IPAC 系外銀河データベース，フランスのストラスブールの天文データセンターによって運用されている SIMBAD（太陽系外の天体の目録）．

また，データを分析したり表示したりするのに非常に役立った，次のようなソフトウェアパッケージにも感謝したい．Matplotlib：印刷品質のグラフィックスのためのパイソンのライブラリ（ハンター，2007年），Astropy：天文学のための共同開発されたパイソンのパッケージ（Astropy コラボレーション，2013年），HEALPix（K. Górski et al. (2005)，ApJ, 622, 759）と Healpy，WCSTools パッケージ（ジェシカ・ミンク，スミソニアン天体物理観測所），PyEphem，VirtualSky/LCOGT，VizieR カタログ検索ツール，フランスのストラスブールの天文データセンター，Raphaël JS ライブラリー．GitHub.com を使って共同作業をすることで，本書の編集作業は非常に順調に行うことができた．

デザイナーのマーク・マコーミックの膨大な量の作業なしには，本書の執筆は不可能であった．ありがとう，マーク！そして，ファウンデッド社のすべてのデザイナーに感謝したい．また，多大なサポートをしてくれたオーラムプレス社のメリッサ・スミス，校正をしてくれたレスリー・マルキンにも感謝する．

最後に，スチュアートは，父親，コリン，ローナ，エリカ，クレイグ，ピーター，ミーガン，イアンに，本書の執筆期間に意見やサポートをもらったことに感謝する．クリスは，両親のアンとデリー，兄弟のアンディに意見をもらったことに感謝し，ガビとクララには，本書の作業中のサポートと忍耐に感謝している．